新中国
地面气象观测仪器
极简史

刘波 等 编著

气象出版社
China Meteorological Press

图书在版编目（CIP）数据

新中国地面气象观测仪器极简史 / 刘波等编著. 北京 : 气象出版社, 2024. 7. -- ISBN 978-7-5029-8260-7

Ⅰ. P412.1-092

中国国家版本馆 CIP 数据核字第 20247GG528 号

新中国地面气象观测仪器极简史

Xin Zhongguo Dimian Qixiang Guance Yiqi Jijianshi

刘波 等 编著

出版发行：气象出版社

地　　址：北京市海淀区中关村南大街46号　　邮政编码：100081

电　　话：010-68407112（总编室）　010-68408042（发行部）

网　　址：http://www.qxcbs.com　　E-mail：qxcbs@cma.gov.cn

责任编辑：刘天泽　邵　华　　终　　审：张　斌

责任校对：张硕杰　　责任技编：赵相宁

设　　计：北京追韵文化发展有限公司

印　　刷：北京地大彩印有限公司

开　　本：889 mm × 1194 mm 1/16　　印　　张：14

字　　数：228千字

版　　次：2024年7月第1版　　印　　次：2024年7月第1次印刷

定　　价：188.00元

《新中国地面气象观测仪器极简史》编委会

序

大气是人类赖以生存的自然条件。它为我们提供氧气，调节地球的温度，保护地球免受宇宙射线和陨石的侵袭，还可以形成风云雨雪等天气现象。大气云谲波诡莫测，其中有一些物理量的变化会显著影响天气气候，被气象科学家称作“气象要素”。这些气象要素的状态与人类的生产生活息息相关，因此我们需要时时关注它们，对它们持续进行观察和测量。这种对气象要素、大气状态和现象的特征及变化过程进行观察和测量的人类活动，就是气象观测。

现代天气预报以气象观测为起点和基础。气象工作者首先观测一个又一个地点的气象要素，然后将一个地点和另一个地点的气象要素有机联系起来，就可以识别出一系列天气系统。随后，气象工作者再根据观测到的气象要素的变化，判断天气系统的移动或强度变化，进而对未来天气形势作出预报。当然，实际的天气预报工作要比这复杂得多，但精密的观测是精准预报的基础。有时，气象工作者观测到强对流、台风等天气系统时，还会直接向公众发布天气预警。此外，气象观测资料经过长期积累和统计后，可以形成气候资料，为研究区域乃至全球的气候特点和变化规律提供重要基础。

气象观测虽名为“气象”观测，其观测对象却不仅局限于大气，还包括与大气密切相关的水圈、冰雪圈、岩石圈及生物圈，因为后四者当中的物理、化学、生物特征及其变化过程均会影响大气层。在这五大圈层中，近地层大气与人类日常生活的关系最为密切，因此近地层气象要素的变化最受关注。用目力和借助仪器对云、地表和近地面大气状况及变化情况进行连续、系统地观察和测量，就是地面气象观测。但人类的视力再好，也无法仅凭目力纵览全球大气运动，因此观测仪器至关重要。

气象观测仪器集中布设在气象台站内，气象台站是进行气象观测的基本机构。新中国成立初期，全国只有101个气象台站。经过75年的大力建设，如今我国拥有8个国家大气本底站、27个国家气候观象台、10939个国家级地面气象观测站、252部新一代天气雷达以及9颗在轨运行的风云气象卫星。它们共同组成覆盖天地空的综合立体观测体系，精密监测大气运动，为精准预报天气变化、精细服务国计民生奠定基础。《新中国地面气象观测仪器极简史》将新中国成立75年来地面气象观测仪器的发展历史以通俗易懂、图文并茂的形式呈现给读者。希望读者们可以通过走近地面气象观测仪器，走进气象科学，了解常伴身边却总显神秘的风云变幻，也领略新中国气象观测事业令人鼓舞的发展成就。

中国气象局副局长

前 言

新中国气象事业，历经七十五载风雨兼程，其发展历程波澜壮阔，见证了从艰辛起步到辉煌腾飞的蜕变。回溯新中国成立初期，气象观测环境比较艰苦，数据采集手段相对落后。由于没有先进的观测设备，气象工作者只能靠人工观测并手动记录，尽管过程耗时耗力，数据的全面性和精准度却难以得到保证。而今，科技的发展给气象观测领域带来了翻天覆地的变化，人工观测的身影逐渐淡出历史舞台，取而代之的是高度智能化、自动化的观测系统。这一跨越，不仅标志着我国地面气象观测正式迈入全面自动化的崭新时代，更是气象观测现代化水平质的飞跃。常规气象要素实现分钟级自动采集，数据的稳定性、准确性及客观性均达到了前所未有的高度，为气象预报、防灾减灾等提供了坚实的数据支撑。

在数代气象人的不懈努力下，全国地面气象观测自动化改革的各个环节精准施策、紧密衔接、稳步推进。那么，在地面气象观测场中，有哪些打下江山的“元老级”观测设备，又有哪些“后起之辈”捧过接力棒？本书作为这一伟大进程的见证者，悠然开篇，引领读者穿越时空隧道，穿梭于我国广袤地面气象观测站网的经纬之间，细细品味气象观测设备的更迭与演变。书中详细描绘了气温、气压、空气湿度、风、降水、日照、地温、云能天、蒸发、辐射等气象要素观测设备的发展历程，展现了不同时期下观测方法的智慧与创新。值得一提的是，本书通过搜集来自全国各地不同时期的珍贵气象观测仪器实物图75张、示意图59张，精心制作44种3D交互模型，使得这些曾经或正在使用的气象观测仪器跃然纸上，让读者在字里行间感受到气象科学的博大精深与日新月异的变革。

本书是在中国气象局综合观测司指导下，在中国气象局气象探测中心和相关省气象局的大力支持下，由中国气象局气象宣传与科普中心（中国气象报社）、吉林省气象局和南京信息工程大学等共同完成的，是编写组所有成员集体协作的结晶，谨在此对参与研究和图书编写的全体成员表示衷心感谢，对在成书过程提出宝贵建议的顾问专家表达诚挚敬意，对本书编辑付出的辛勤劳动表示真诚谢意。

当然，我们也深知，受作者水平所限，书中难免存在疏漏和错误，敬请读者不吝赐教，我们将在今后的工作中不断改进完善。

气象学博士、正高级工程师、
中国气象局首席气象专家　刘波

目 录

我国地面气象观测站网发展极简史

没有气象观测就没有气象业务

大气，因重力作用而围绕着地球的一层混合气体，是人类和其他生物赖以生存的最重要的环境要素之一。要实现人与自然的和谐共生，首先需要认识自然，大气便是一个重要的研究对象。气象观测是人类研究大气的重要手段之一。

气象观测，是对表征大气状况的各种气象要素、天气现象及其演变过程进行个别或系统、连续观察与测定，并对获得的数据进行整理和记录。这既包含使用感应元件直接测量，也涵盖利用声、光、电磁波在大气传播中的信号变化来反演气象要素变化的遥感探测技术。气象观测站按观测层可分为地面观测（陆地、海洋表面至10米高度）、高空观测（10米至30千米）和空间观测（30千米以上），这些不同层次的观测让人类对大气有了全面而深入的了解。

曾经，老一辈气象观测员用“老三样”—— 一支铅笔、一沓自记纸和一部电报机开启了新中国的气象事业；75年后的今天，在一代代气象工作者的不懈奋斗下，我国已基本建成全球最大的气象观测站网和先进的综合气象观测系统，为我国气象预报服务和科学研究提供了有力支撑，并在全球监测、全球预报、全球服务中发挥着越来越重要的作用。

气象观测站分类表

观测层	类别	通用站名
地面 （陆表或海表至 10 米高度）	观测站	1. 基准气候站 2. 基本气象站 3.（常规）气象观测站 4. 应用气象观测站 5. 志愿观测站
	综合观测站	6. 大气本底站 7. 气候观象台
	观测试验基地	8. 综合气象观测（科学）试验基地 9. 综合气象观测专项试验外场
高空 （10 米至 30 千米）	观测平台	10. 气象飞机 11. 气象飞艇
	观测站	12. 高空气象观测站 13. 天气雷达站 14. 飞机（飞艇）气象观测基地
空间 （30 千米以上）	观测平台	15. 气象卫星
	观测站	16. 空间天气观测站 17. 气象卫星地面站 18. 卫星遥感校验站

地面气象观测（一般指10米以下）是综合气象观测系统的重要组成部分之一，也是历史最悠久、发展最成熟的一类观测业务，在天气预报、防灾减灾、应对气候变化和生态文明建设中占有重要地位。

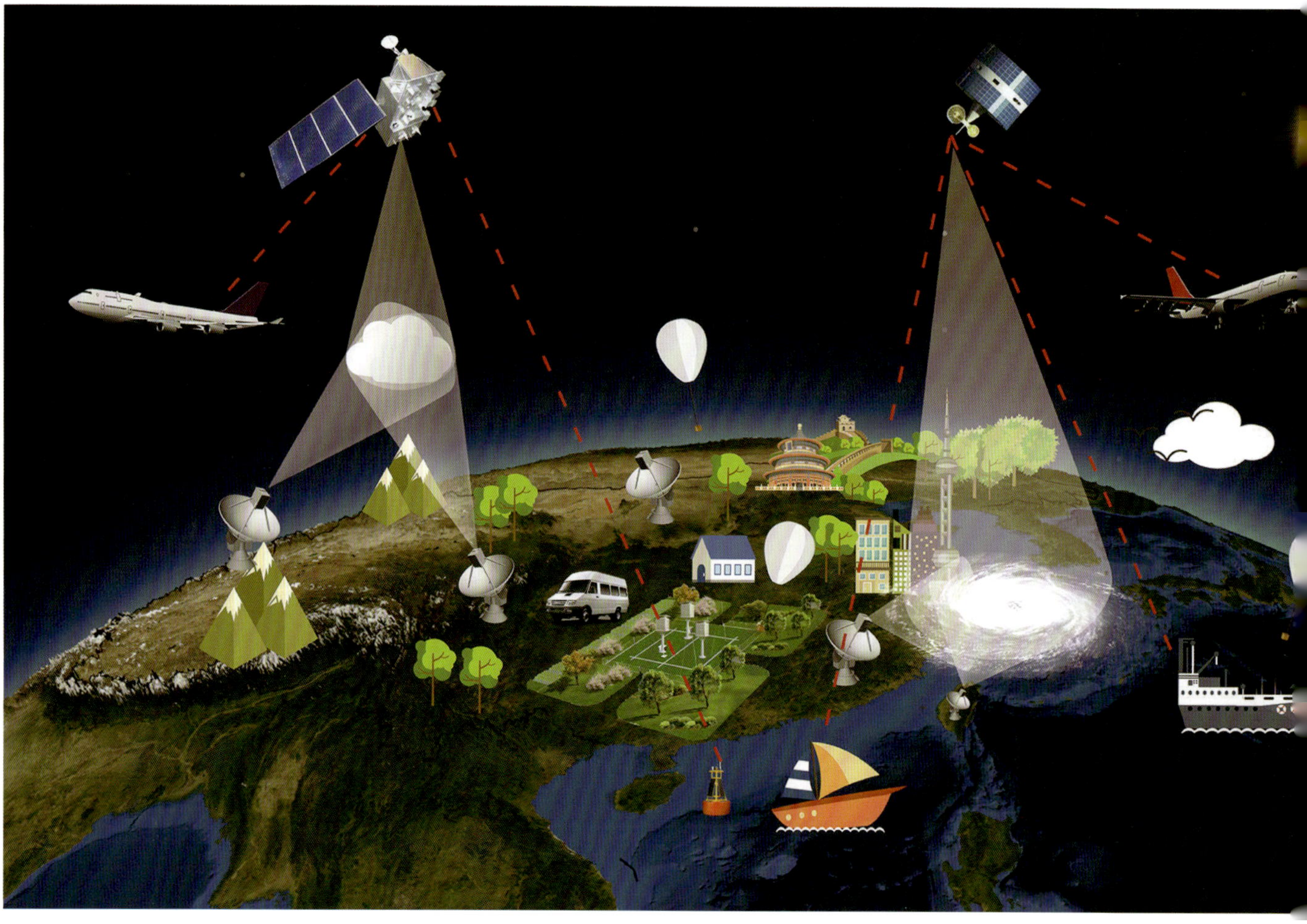

· 综合观测业务示意图

地面气象观测站网的发展历程

回溯历史，中国是世界上天文气象观测记录持续时间最长的国家。中国古人非常重视观察天气、天象，他们通过对星象、物候的观察来确定季节、安排农耕。6500年前的仰韶文化时期，中国古人就能依靠观察，绘制四时天象图来反映二分（春分、秋分）二至（夏至、冬至）。距今3600年前，随着农业和畜牧业的蓬勃发展，古人对日食、月食、

星系等天文现象及云、雷、雨、虹、雹、雪、雾、风等天气现象的观察频繁且细致。令人惊叹的是1936年出土的一片殷墟甲骨文卜辞中，竟记录了据称是世界最早的“10天天气预报及验证记录”。这种对天气的定性认识都源于人类对自然现象的经验观察，然而，人类探索自然的脚步远不止于此。

为进一步探索大气运动的规律，人类开始研制各式各样的气象观测仪器，力求对气象要素进行精准的定量观测。1593年前后，意大利科学家伽利略根据空气热胀冷缩的原理发明了气体温度表。随后，水银气压表、玻璃液体温度表、雨量器、毛发湿度表、风杯风速计等仪器相继问世并投入实际应用，推动气温、气压、风、湿度等地面气象要素由定性观测转为定量观测，这为大气科学学科的建立奠定了重要基础。

气象数据之于大气科学，犹如粮食之于人类，其重要性不言而喻。近代以前，气象记录主要以定性数据为主，定量数据较少且大多出现在西方国家。世界上最早用仪器观测的气象数据出现在1650年前后的欧洲。1653年，斐迪南二世利用几个湿度计、气压计、温度计和望远镜在意大利佛罗伦萨皮蒂宫创建了世界上第一个气象观测站；随后，他在欧洲建立了约10个气象观测站，构成了初步的欧洲气象观测网。之后，气象观测开始向国际化发展。在这个过程中，德国医生约翰·卡诺德发挥了重要作用。1717年，约翰·卡诺德组建了第一个国际性气象观测网；18世纪80年代，德国气象学家哈默尔组建了由欧洲、北美洲和西伯利亚等20个国家和地区的57个气象观测站构成的国际气象观测网，实现了观测仪器、观测规范、观测时次和记录格式的统一，极大地推动了地面气象观测全球化、有组织、有系统的测量。可以说，17世纪中期到20世纪初的200多年间，地面气象观测逐步发展成熟。

20世纪初到中叶，随着无线电技术的发展，无线电探空仪研制成功，高空探测技术得以大力发展。大气探测由仅有的地面观测拓展到了地面观测和高空探测并举，进一步拓展了大气探测的范围，也提高了大气探测的连续性。

到了20世纪80年代，随着电子计算机的发展及其在大气科学中的应用，使得地面气象观测记录处理、报表制作和气象电报编发等实现了从人工向自动处理的转变。20世纪90年代以来，地面自动气象观测站开始广泛建立，进一步推动了气象观测的自动化，观测时次和空间密度得到极大提升，为大气科学研究提供了精准的数据支持。

新中国地面气象观测站网发展极简史

我国幅员辽阔、地形错综复杂、天气气候多变，地面气象要素时空分布不均。因此，气象观测必须具有代表性、准确性和比较性，才能为气象精细化预报提供可靠的数据来源。

新中国成立初期，我国气象观测面临的主要问题就是缺乏业务化的观测站网。1949年底，全国仅有101个气象台站，都是国民政府遗留下来的，站点少且分布不均，观测设备陈旧且全部依赖进口（以美国、日本仪器为主），不能构成合格的气象观测网。因此，建设地面气象观测站网成为新中国气象事业起步的基础和关键。1950年起，老一辈气象工作者立足国情，统筹国防建设和经济建设需求，开始建设气象观测站网，仅用11年就实现了地面气象观测站数量的飞跃，建成了行政区划与自然区划相结合、符合中国国情的全国气象观测站网，同时，常规观测仪器也基本实现了“中国造”，为我国地面气象观测站网的快速发展奠定了坚实基础。

改革开放后，社会经济的快速发展，对气象服务提出了越来越高的要求。依托国家和中国气象局各类大气观测工程，地面气象观测站网规模得以迅速扩张。到20世纪80年代末，已基本形成了每个县级行政区一个站的布局，平均站间距总体达到世界气象组织对中纬度平原地区二类气象观测站网的规定。至1991年，全国地面气象观测站数已达2475个。

进入21世纪，我国国家级地面气象观测站网建设进入优化完善阶段，从规模化发展向提升质量和效益转变，站网布局和质量得到进一步优化和提高。如今，我国已建成由8个大气本底站、27个国家气候观象台、10939个国家级地面气象观测站、252部新一代天气雷达以及9颗在轨运行的风云气象卫星组成的综合立体气象观测系统，成为全球规模最大的气象观测系统。

地面气象观测规范的变迁

气象事业不光是建台站、做预报服务，还需要统一观测方法、提高观测质量，这是新中国气象事业发展不可或缺的一环。地面气象观测规范的作用就在于此，它是气象观测站从事地面气象观测的工作依据和准则。

新中国成立初期，为尽快统一我国的地面气象观测业务，1950年11月，中央军委气象局*编订了《气象测报简要》，并于1951年1月1日在全国正式施行。这本规范对全国地面观测工作起到了非常重要的作用，此前气象观测的混乱局面得以初步统一，但观测仪器设备规格并未统一。

* 1949年12月8日，中央军委气象局成立，1953年转建为中央气象局，1982年更名为国家气象局，1993年更名为中国气象局。

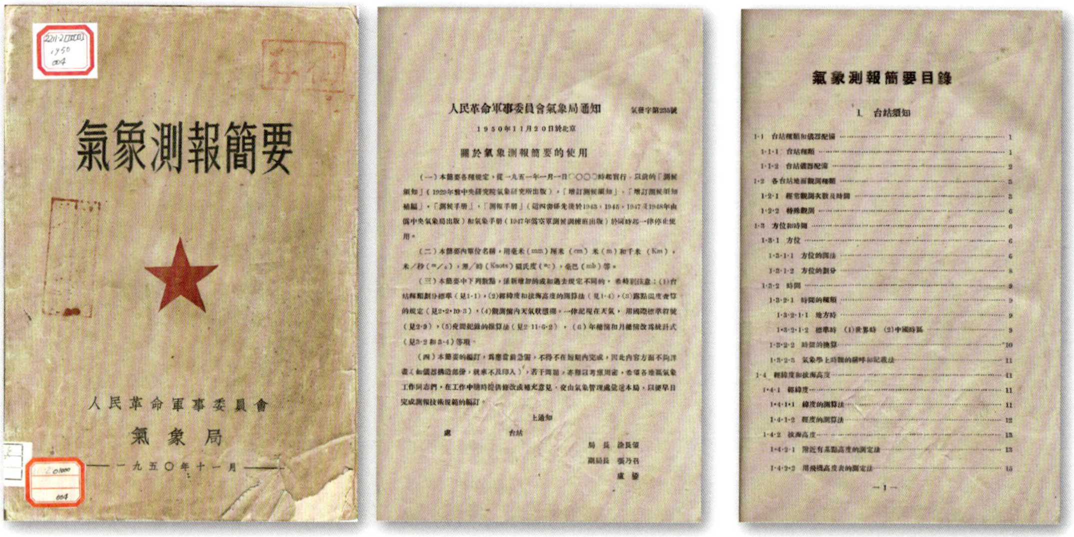

· 《气象测报简要》书影

随后，气象部门在学习苏联气象观测和记录报表格式的基础上，编制了《气象观测暂行规范（地面部分）》，并于1954年1月1日在全国推行。规范第一次明确提出了观测资料必须有代表性、比较性和准确性，且对观测场地、仪器安装、观测方法和记录整理等提出了具体要求，对统一全国气象仪器装备、观测方法和提高观测质量起了举足轻重的作用。

观测规范的每一次修订，都深刻反映了我国地面气象仪器装备和观测业务发展的变革轨迹。几十年来，地面气象观测规范先后经历了1954版、1960版、1979版、2003年版等多次修订，观测项目、记录报表等各项工作得以不断完善和规范。特别是2003年版的规范，它整合了1999年开始实行的各种自动气象观测站的技术要求和观测方法，并涵盖了1996年出版的《气象辐射观测方法》的内容，既适用于自动观测方式，又适用于人工观测方式，展现了高度的兼容性和前瞻性。

然而，随着观测自动化的全面推进，许多新技术、新方法在地面观测业务中得到广泛应用，2003版《地面气象观测规范》已逐渐不能满足自动观测业务的需求。因此，中国气象局组织编制了《地面气象自动观

· 1979年版、2003年版《地面气象观测规范》书影，2020年版《地面气象自动观测规范》书影

测规范（第一版）》，并于2020年3月出版，为新时代地面气象观测工作提供了更加科学、规范的技术指导。

2020年4月，地面气象观测实现全面自动化，观测频次较人工观测时期有较大提升，观测数据传输用时由分钟级优化至秒级，传输频次从5分钟提升至1分钟，数据传输频次与效率大幅增加。

地面气象观测场的大小变化

通常，地面气象观测场是一个呈东西南北向的标准方形场地，长和宽都是25米。但它并非一成不变，在新中国成立后的这75年里，它越变越大了。

新中国成立之初，地面气象观测场的大小相对较小，尚不足现在的十分之一，1950年出版的《气象测报简要》中对其大小有明确规定，只有6米×9米。随着气象观测要素越来越多，这一规定完全满足不了气象观测业务需求，于是1954年的《气象观测暂行规范（地面部分）》将其统一规范为25米×25米，这一标准一直沿用至今。

然而，气象工作者在地面气象观测站建设过程中发现，一些地区受条件限制，观测场规模无法达到该标准，但又有建站的必要性。于是，1960年版的《地面气象观测规范》充分考虑了这一特殊性，明确提出，确因条件限制，观测场大小也可取16米×20米（南北向），高山站、海岛站、无人站不受此限制。

进入20世纪90年代，随着新型气象辐射观测仪器的推广使用，地面气象观测场又增加了新成员——辐射仪器，原来的场地大小又不能满足需求了。因此，在2003年版的《地面气象观测规范》中，明确若台站需要安装辐射仪器，可将观测场南边缘向南扩展10米，这样观测场就变为25米×35米的长方形了。

气象观测规范中观测场的大小变化

<table>
<tr><th>规范名称</th><th>出版年份</th><th>观测场大小（米）</th><th>观测方式</th></tr>
<tr><td>《气象测报简要》</td><td>1950 年</td><td>6×9</td><td>人工观测</td></tr>
<tr><td>《气象观测暂行规范（地面部分）》</td><td>1954 年</td><td>25×25</td><td>人工观测</td></tr>
<tr><td rowspan="3">《地面气象观测规范》</td><td>1960 年</td><td>25×25、
16×20（条件限制时）</td><td>人工观测</td></tr>
<tr><td>1979 年</td><td>同前</td><td>人工观测、自记仪器</td></tr>
<tr><td>2003 年</td><td>25×25、
16×20（条件限制时）、
25×35（需安装辐射仪器时）</td><td>人工观测、自动观测</td></tr>
<tr><td>《地面气象自动观测规范（第一版）》</td><td>2020 年</td><td>同前</td><td>自动观测</td></tr>
</table>

气象观测在不断发展和优化过程中，除了观测场大小、设备发生变化外，定时观测的时制也经历了多次变化。现在全国气象观测站统一使用北京时进行定时观测，但在新中国成立初期，各个气象观测站的观测时制并未完全统一。1951至1953年，全国气象观测站被分为3个地区，分别采用中原、陇蜀、新藏3个时区标准时进行人工定时观测；1954至1960年6月，全国统一使用地方平均太阳时进行观测；直到1960年7月，气象定时观测才统一使用北京时，这极大促进了全国气象观测数据的标准化和共享。

气象定时观测时制变化

年份	1951—1953			1954—1960.6	1960.7—
时制	时区标准时			地方平均太阳时	北京时
	120°E（中原时区）	105°E（陇蜀时区）	90°E（新藏时区）		
地区	黑龙江、吉林、内蒙古东部、北京、天津、河北、山西、山东、江苏、上海、安徽、浙江、江西、福建、台湾、河南、湖北、湖南、广东	内蒙古西部、甘肃、宁夏、陕西、广西、云南、贵州、四川、青海97°30′E以东地区	新疆、西藏、青海97°30′E以西地区	全国	全国

地面气象观测场的设备

随着观测业务调整和技术升级，新中国成立以来，地面气象观测大体可分为3个阶段，人工观测阶段（1949—2000年）、自动化发展阶段（2000—2020年）和全面自动化观测阶段（2020年至今）。这期间，随着科技的发展，观测设备在不断进行技术升级。

人工观测阶段，地面气象观测场中分布着4排设备，北侧第一排布设3个百叶箱，用于观测空气温度和湿度，西侧百叶箱安装空气温度计和湿度计，中间百叶箱安装空气温度表（含干、湿球温度表和最高、最低温度表），东侧百叶箱为备用；第二排设备用于测量降水，自东向西依次为虹吸式雨量计、翻斗式雨量计和雨量筒；第三排设备用于测量蒸发量，自东向西依次为蒸发专用雨量器、小型蒸发器、大型蒸发器；最南侧设备自东向西为深层地温（40厘米、80厘米、160厘米、320厘米）、冻土、日照、下垫面温度（地面温度、地面最高温度、地面最低温度）、浅层地温（5厘米、10厘米、15厘米、20厘米）。测风设备安装在观测场的东北和（或）西北角的风塔上。

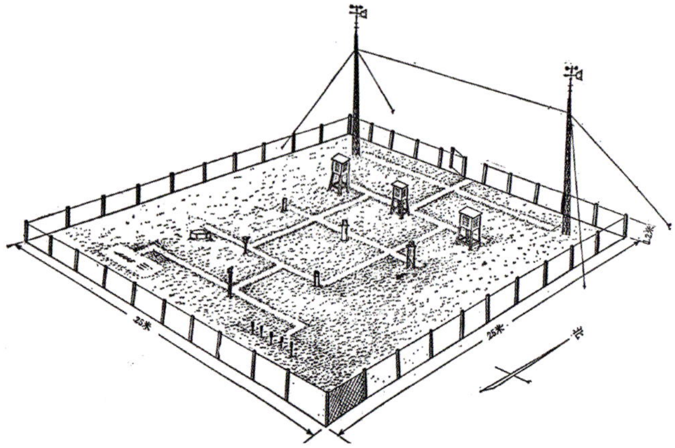

· 人工观测阶段观测场仪器布置参考图

· 吉林省孤家子地面气象观测场实景（摄于20世纪80年代）

自动化发展阶段，地面气象观测场与人工观测时期的布局基本相似，区别在于观测场北边第一排东侧从前的备用百叶箱被安装了观测气温、相对湿度的传感器，东北角的风塔上安装了风向、风速自动观测传感器，雨量、蒸发、地温等设备均安装了对应的自动观测传感器。另外，对于有辐射观测要求的观测场，观测场向南扩10米，用于安装辐射表。

而2015年开始实施的自动化观测场布局中，北侧第一排百叶箱仅保留了东侧的百叶箱，在空出来的位置上增加了能见度、天气现象仪、称重雨量传感器等自动化设备。2019年6月，地面气象观测自动化改革在全国开展试运行，尝试对人力资源进行更合理的优化配置，探索取消台站日常守班、人工定时观测、人工连续观测天气现象、重要天气报、地面观测记录簿记录、值班日记填写、人工数量质量控制等7项任务。

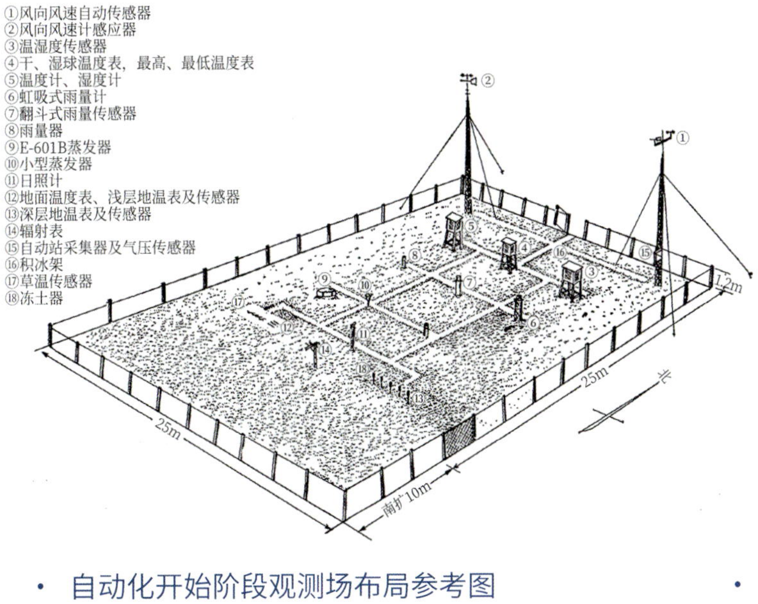

• 自动化开始阶段观测场布局参考图

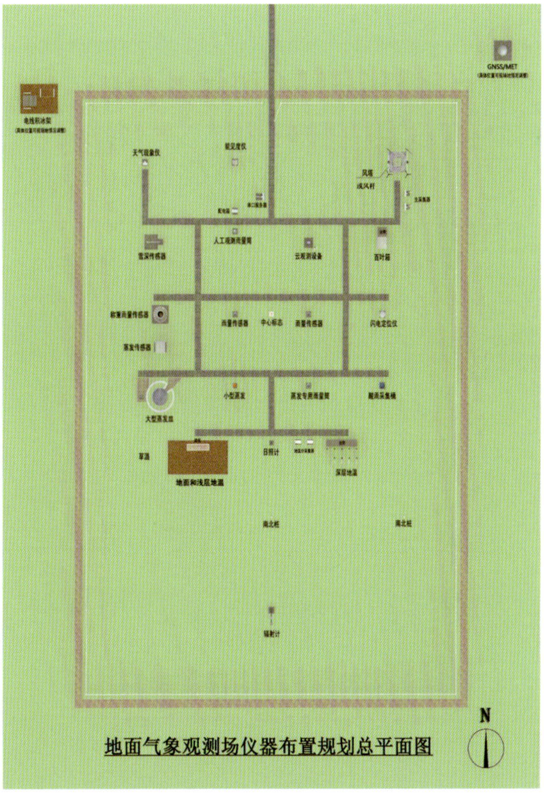

• 自动化阶段观测场布局参考图（2015年开始）

① 风塔、风向风速传感器
② 前向散射能见度仪
③ 降水现象仪
④ 百叶箱(气温传感器、湿度传感器、气温多传感器标准控制器)
⑤ 自动雪深仪
⑥ 闪电定位仪
⑦ 翻斗雨量传感器Ⅰ
⑧ 翻斗雨量传感器Ⅱ
⑨ 翻斗雨量传感器Ⅲ
⑩ 翻斗雨量传感器
⑪ 称重式降水传感器
⑫ 酸雨自动观测仪
⑬ 通风防辐射罩、蒸发传感器
⑭ 深层地温传感器(40、80、160、320cm)
⑮ 冻土自动观测仪
⑯ 光电式数字日照计
⑰ 地面温度传感器、浅层地温传感器(5、10、15、20cm)
⑱ 草面温度传感器
⑲ 全自动太阳跟踪器
⑳ 辐射传感器
㉑ 天气现象视屏智能观测仪
㉒ 主采集器
㉓ 降水多传感器标准控制器
㉔ 地温分采集器
㉕ 综合集成硬件控制器
㉖ 雨量器
㉗ 配电箱
㉘ 冻土电源箱

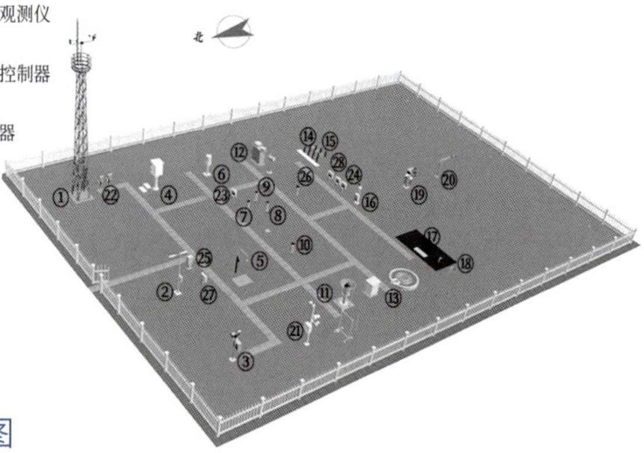

· 全面自动化观测阶段地面气象观测场仪器布置示意图

2020年4月，我国地面气象观测正式迈入全面自动化时代。自动化阶段的观测场增加了更多的气象要素传感器，除保留雨量器安置位置外，其他均为自动观测设备。

· 福建省气象台地面气象观测场（摄于2016年）

气象数据处理：从算盘到自动化的转变

地面气象观测作为最基本业务之一，要求全球所有地面气象观测站在同一时间，按照统一技术要求，实施同样观测项目，并遵循统一数据格式，为全球气象资料交换提供基本的气象要素观测资料。

在人工观测阶段，能见度、云、天气现象等观测项目采用人工目测的方式，风向风速、空气温度和湿度、气压、降水、积雪深度、蒸发量、日照时数、地温等观测项目采用人工器测。观测数据的处理，一般依赖人工观测、手工查算（算盘、计算器）等方式获得，并将观测、计算的数据进行人工编报，每月将获取的数据按照规定的格式手工填写观测月报表。

· 气象观测员在长春市地面气象观测站进行浅层地温观测（摄于1985年）

· 20世纪50至60年代，地面气象观测员主要使用算盘处理气象数据

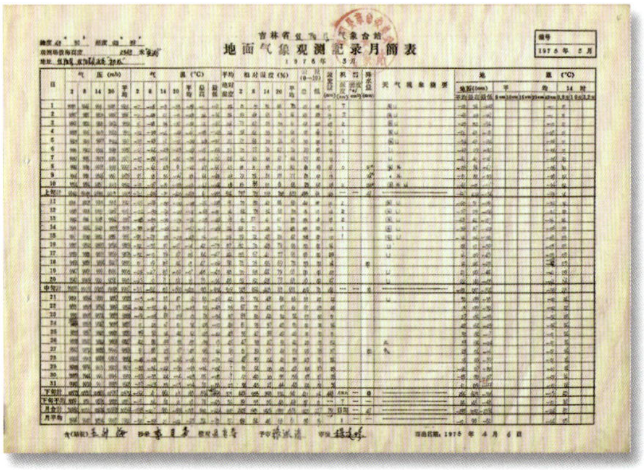

地面气象观测记录月简表

· 吉林省双阳县地面气象观测记录月简表（记录时间：1978年3月）

· 气象观测人员使用计算机处理观测数据（摄于1987年）

1984年，气象部门开始使用PC1500微型计算机、PC机进行计算与编报气象观测数据并制作报表，逐步实现人工观测向计算机处理转变，尽管观测方式尚未发生根本性改变，但这一转变使气象观测人员从繁杂的人工处理数据工作中解脱出来，显著缓解了气象观测人员的精神压力。1994至1996年，地面气象测报业务的微机化，从数据录入、资料整理、报表审核、报表制作到资料信息化等业务环节均实现了计算机处理。

2000年，随着自动气象观测站的业务运行，计算机（微机终端）已成为自动观测系统的重要组成部分之一。观测场安装的各种传感器的电信号，经过采集器的数据采集、质量控制、算法计算、数据存储等处理后，会被传送到计算机中，计算机的业务软件对这些数据进行进一步处理，包括数据显示、存储和质量控制、编发气象报告、编制气象报表等，并最终完成观测数据的自动上传，极大提高了观测效率和数据质量。

气象通信技术的飞跃：从电传迈向信息化与智能化

如果将气象业务比作人体，那么数据就是身体中流淌的血液，而通信系统则是遍布四肢百骸的血管。收集、分发、交换……为了满足业务、服务与科研需求，气象数据始终都处于高速流动中。75年来，气象通信系统经历了从电报、电传到信息化、智能化的蝶变。

新中国成立之初，气象通信工作薄弱，技术装备十分落后。当时气象通信采用的是无线莫尔斯广播，发信台以每分钟120～130个字码的速度拍莫尔斯电报信号，供广大基层气象台抄收使用。直到20世纪60年代中期，莫尔斯电报都是气象通信的主要方式。1956年10月，我国第一条气象专用有线长途电传电路在北京与沈阳之间开通，气象通信进入电传通信时代，这一阶段主要以利用国家电信网为主，自设电台为辅；20世纪60年代，传真广播被气象业务应用；到了20世纪80年代中期，气象传真已普及到全国各级气象部门，基层气象台站已经可直接接收中央气象台播发的传真天气图和指导产品，大大提高了通信效率。

伴随着改革开放的脚步，计算机广泛应用于气象通信领域，气象通信迈入计算机通信时代。1980年，北京气象通信枢纽工程建成并正式投入业务运行，首次实现了我国气象信息收集、传输和交换的自动化，并一跃成为世界气象观测网中技术水平领先的气象通信枢纽之一。此后，1987年3月立项，1991年投入运行的“873工程”，进一步推动计算机系统和网络设备的更新换代。

气象网络通信建成之初，虽然数据传输速度有显著提升，但缺乏整体设计，数据传输种类有限、难以标准化、不易保证完整性等问题逐渐显现。为解决这些问题，气象部门决心打造一个真正打通全国各级气象部门数据传输“经络”的系统。1992年10月，气象卫星综合应用业务系统（“9210工程”）获批立项，并于1999年投入业务使用，标志着气象通信正式迈入网络通信阶段。

· 新中国成立初期的莫尔斯气象广播机房

· 20世纪80年代，气象测报员正在使用甚高频人工口述电报

随着气象事业的蓬勃发展，气象通信又面临着新挑战。在观测频率已达到分钟级的今天，网络通信时代单一的文件收发方式已无法满足需求，亟须新一轮气象通信技术升级。2012年，新一代国内气象通信系统正式业务运行，采用了数据流传输和消息队列等技术。这一系统能够在进行观测的同时，将观测数据实时传送到省级、国家级，极大提高数据传输能力和效率。此外，这一技术还能将雷达观测近乎实时地送抵预报员的案头，为气象预报业务提供有力支撑。

• 新一代气象超算系统机房（摄于2023年）

气温观测

气象学上把表示空气冷热程度的物理量称为空气温度，简称气温，它是空气分子平均动能的一种标志。气象观测站使用温度表（计）或温度传感器来测量气温，国际上采用摄氏度（℃）作为标准气温度量单位。

气温的差异是决定一个地区气候类型和特征、形成独特自然景观、造成生存环境差异的主要因素之一。无论在理论研究上，还是在国防、经济建设的应用上，气温的观测和记录都是不可或缺的。通过对气温的观测和记录，气象学家可以了解一个地区的气候特点，研究其变化规律，更好地理解、演化气候系统的运行机制，进而预测未来的天气气候趋势。

气温直接影响着我们的日常生活和生产活动。过高或过低的气温都可能对工业制造、农业生产和人体健康等方面产生不利影响，尤其在农业生产中，气温直接影响作物的生长、分布和产量。因此，通过观测气温，气象学家可以提前预测高温、低温等极端天气，为人们提供预警和应对措施。

那么，天气预报里的气温怎么来的？为什么预报的气温和温度表（计）测量的数值不一样？这要从气温的观测历史说起。

气温观测的前世今生

在社会发展的历史长河中，人类对气温的了解和观测经历了长时间的探索与发展。

战国时期，古人通过水是否结冰来推断气温下降的程度，衡量气温主要靠主观感觉，没有量化方法。如《吕氏春秋·慎大览·察今》中记载："见瓶中之冰，而知天下之寒、鱼鳖之藏也。"汉代时期，《淮南子·说山》中也有着相似的记载："睹瓶中之水，而知天下之寒。"因此，"冰瓶"或"水瓶"是中国最原始的温度计。

16世纪，气温观测逐渐迈向量化研究阶段。16世纪90年代，意大利科学家伽利略·伽利雷在试验时发现了气体遇热膨胀、遇冷收缩的现象，便萌生了借助气体特性测量温度的想法，最终发明了最早的气体温度表，这象征着定量化气象观测时代开启。1612年，伽利略与医生桑克托里奥·桑克托留斯教授对伽利略的气体温度表进行了改良，发明了液体温度表，颇具现代温度计的雏形，这也成为了世界上最早的体温表。1709年和1714年，德国物理学家丹尼尔·加布里埃尔·华伦海特分别用酒精与水银作为测温介质，制作了更为准确的温度表。

18世纪末，有人根据金属棒受热膨胀的原理，制作了双金属温度计。1821年，德国物理学家托马斯·约翰·赛贝克发现了热电效应。同年英国化学家汉弗莱·戴维发现了金属电阻随温度变化的规律，于是出现了能把温度变成电信号的传感器，热电偶温度计和热电阻温度计也随之被发明。热电偶温度计是基于两种不同金属之间的热电效应制成的，热电阻温度计则是利用测量电阻随温度变化而变化的原理制成的。1876年，德国发明家维尔纳·冯·西门子制造出第一支铂电阻温度计。

进入 20 世纪后，各种热电偶温度计、辐射温度计、半导体温度计等相继问世，测温仪器更加成熟和现代化。如今，温度测量技术仍在不断创新，基于量子物理学的新型温度测量方法和生物体内温度监测技术等新技术不断涌现，推动着温度测量技术的进步和应用范围不断扩大。

气温观测仪器

气温作为最基本的气象观测要素，在全国地面气象观测场中肯定少不了它的观测设备，但我们站在一个标准的地面气象观测场中，并不能直接看到观测气温的仪器，这是为什么呢？原来，为了使仪器能够准确真实反映大气的温度变化，一般会将测温仪器放置在百叶箱里进行测量，测温仪器的感应部位距离地面1.5米。百叶箱可防止太阳对仪器的直接辐射和地面对仪器的反射辐射，保护仪器免受强风、雨、雪等因素影响，同时保证仪器感应部分适当通风，从而更能真实地感应外界空气温湿度变化。所以，气象上测定的是距离地面1.5米高度处的气温。

百叶箱里都放置了哪些测量气温的仪器呢？

人工观测时期，百叶箱内共放置4个测量温湿度的设备，分别为干、湿球温度表和最高、最低温度表。干、湿球温度表垂直悬挂在箱内支架上，干球温度表在左，湿球温度表在右，球部向下，中心离开地面1.5米。最高、最低温度表放置在温度表支架下的上、下弧形钩上，最高温度表感应部分向东稍向下倾斜。实现自动化以来，百叶箱内则主要放置的是温度传感器和湿度传感器。

· 百叶箱实物图

· 百叶箱内温度表安装位置实景图

扫我，
我会动起来哦！

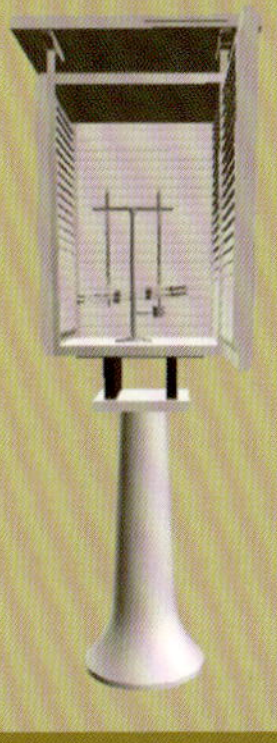

百叶箱（干、湿球温度表和最高、最低温度表）

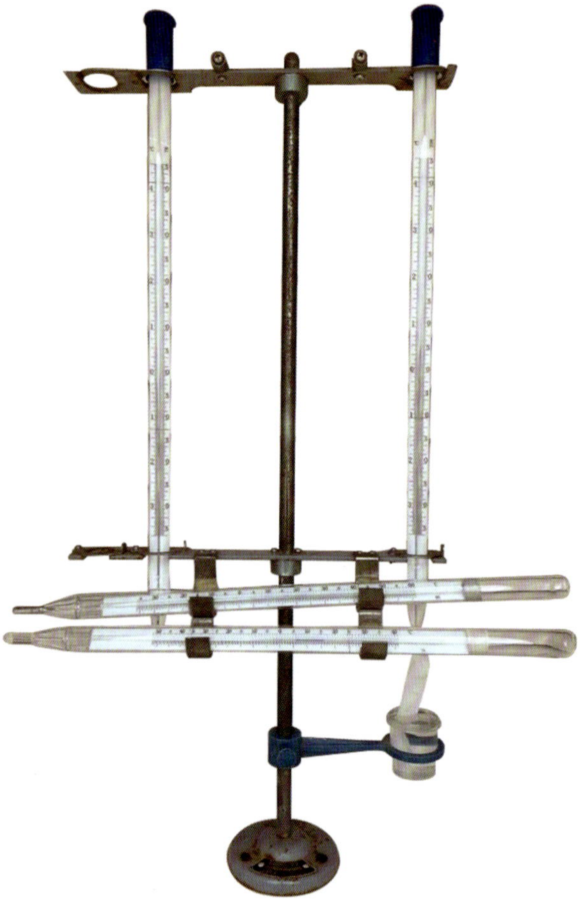

· 干、湿球温度表和最高、最低温度表实物图

干、湿球温度表和最高、最低温度表

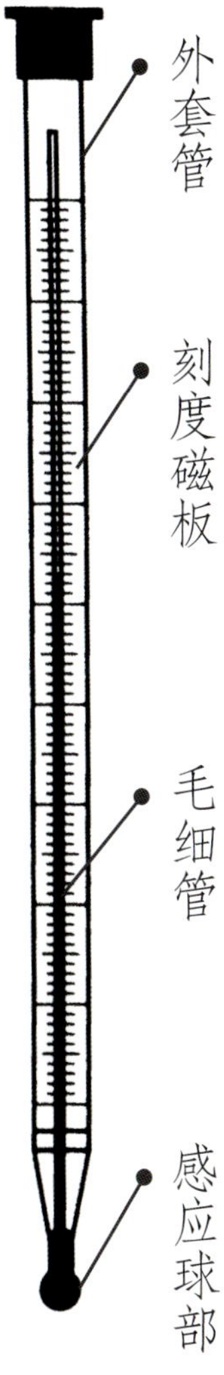

· 温度表结构示意图

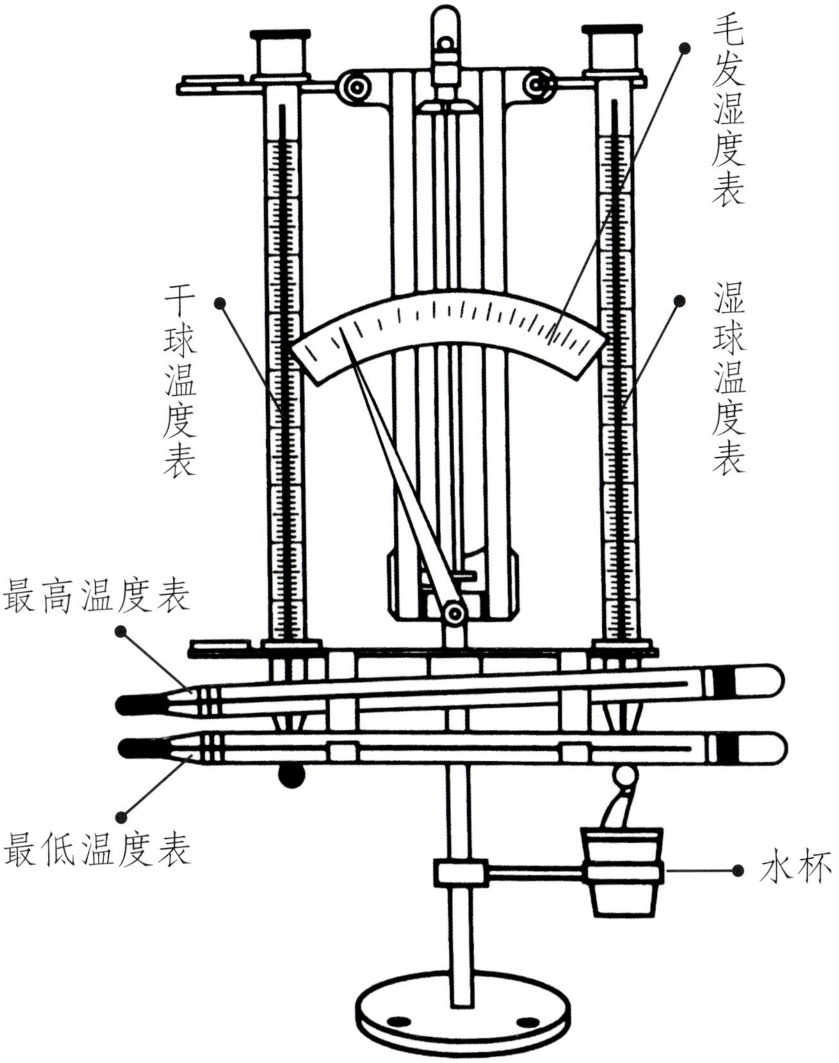

· 干、湿球温度表和最高、最低温度表安装位置示意图

干、湿球温度表

干、湿球温度表是由两支型号完全相同的温度表组成，主要用来测定空气的温、湿度变化。干球温度表可直接测量空气温度，但空气的湿度并不能由湿球温度表直接测量得到，而是需要借助热力学原理，通过测量干、湿球温度表的温度，根据公式计算得出。

两个相同的温度表如何测量空气湿度？要了解这个问题，首先要清楚水银温度表的原理。干、湿球温度表都是利用水银的热胀冷缩特性制成的，它由感应球部、毛细管、刻度磁板和外套管四部分组成。直接放置在空气中测量环境温度的，是干球温度表；而感应部分被湿纱布包裹的，则是湿球温度表，主要用来测量蒸发面的温度。

根据道尔顿蒸发定律，水分蒸发的速率与周围空气的水汽饱和差成正比。湿纱布上的水分不断消耗蒸发潜热，使湿球感应部分温度下降，而气温与湿球温度的差值使四周的空气与湿球产生对流热交换。在稳定平衡条件下，湿球蒸发支出的热量与周围空气热交换获得的热量相等，由此可计算出空气的相对湿度。这里值得注意的是，干、湿球温度表要保持2.5米/秒以上的通风环境，测量的湿度与真实环境中温度的误差才会比较小。

最高、最低温度表有何不同？

气象上的最高温度表主要是用于测量一天中的最高气温。与普通温度表相同，它的感应液也是水银，但区别在于其毛细管较细，且在感应球部焊有一根玻璃针，其顶端延伸至毛细管内，使温度表的感应球部分与

最高、最低温度表有何不同？

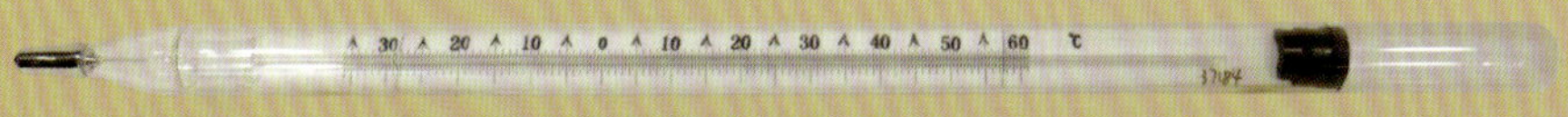

· 地面最高温度表实物图（棒状水银）

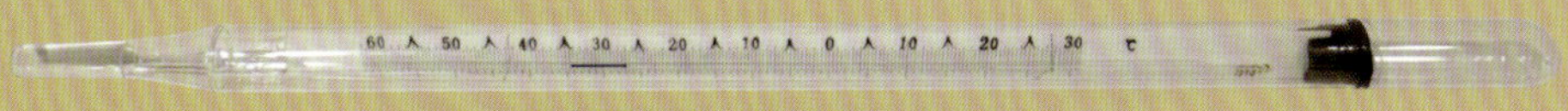

· 地面最低温度表实物图（棒状酒精）

毛细管之间形成了一个狭窄的通道。当周围环境气温升高时，感应球部分的水银体积开始膨胀，水银被挤入毛细管；而气温下降时，毛细管内的水银由于通道狭窄而不能回缩至感应球内，因而能够测量一段时间内的最高气温。医用体温表与气象上的最高温度表的测温原理是一样的。

最低温度表用于测量一天中的最低气温，其外观与普通温度表相似，但仪器内部采用酒精作为感应液，且它的毛细管内有一哑铃形游标。当环境气温下降时，由于酒精的热胀冷缩原理，温度表毛细管内的酒精柱开始下降，受酒精柱顶端表面张力影响，游标也随之下降；而当环境气温升高时，酒精开始膨胀，酒精柱可经过游标周围慢慢上升，而游标仍停留在原来位置。因此，它能够测量一段时间内的最低气温。

在人工观测时期，气象观测员每天20时观测一次最高、最低温度，观测后对温度表进行复位操作，以便进行下一次观测。

最高温度表

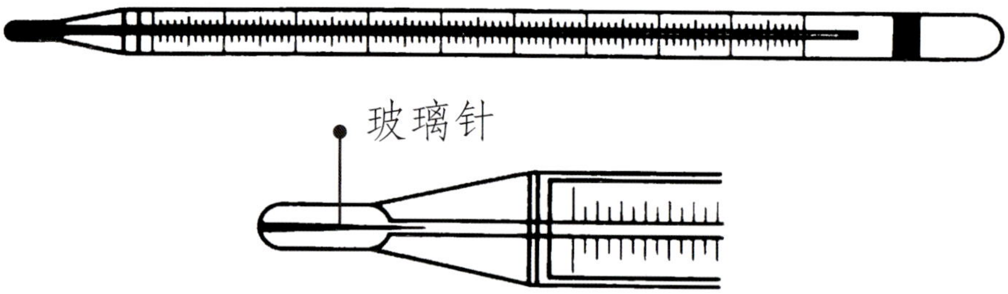

· 最高温度表结构示意图

最低温度表

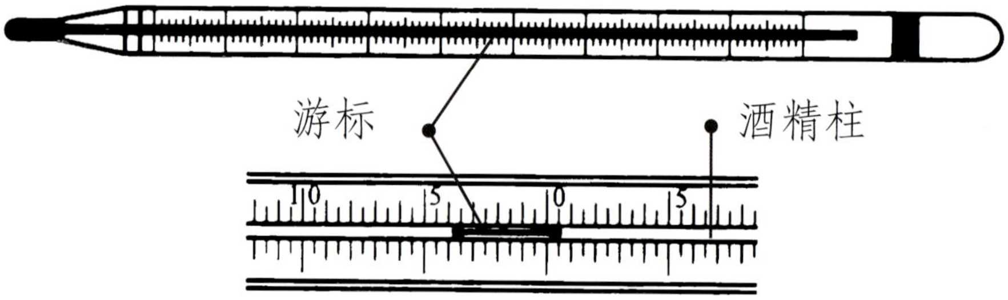

· 最低温度表结构示意图

双金属温度计

随着科技的进步，人们开始尝试利用金属棒受热膨胀原理测量温度，双金属温度计由此诞生。它是一种可24小时连续自动记录气温变化的仪器，主要由感应部分（双金属片）、传递放大部分（杠杆）、自记部分（自记钟、纸、笔）组成。

双金属温度计与水银温度表一样，放置在百叶箱内部的水平底座上，感应部分离地1.5米。双金属温度计是如何连续测量气温的呢?实际上，它是依靠双金属片或双金属螺旋片的曲率变化来控制记录笔的移动，从而连续观测气温的。记录笔一端被牢牢固定在框架臂上，同时设置一个精细调整装置，以便根据需要调节框架臂的零位。此外，双金属温度计还可调整杠杆长度来变换标度值，并通过杠杆变换将双金属片移动传送至笔尖。双金属温度计是一个非常精细的仪器，因此它的元件应防锈，最好的方法就是在其外表面镀一层厚厚的铜、镍或铬。

根据世界气象组织（World Meteorological Organization，WMO）规定，人工观测时期气象观测站一日内开展4次定时观测，分别为02时、08时、14时、20时（一般站定时观测时间为08时、14时、20时），观测时可根据双金属温度计笔尖在自记纸上的位置读数，并记入观测薄相应栏。

· 双金属温度计实物图

扫我，我会动起来哦！

双金属温度计

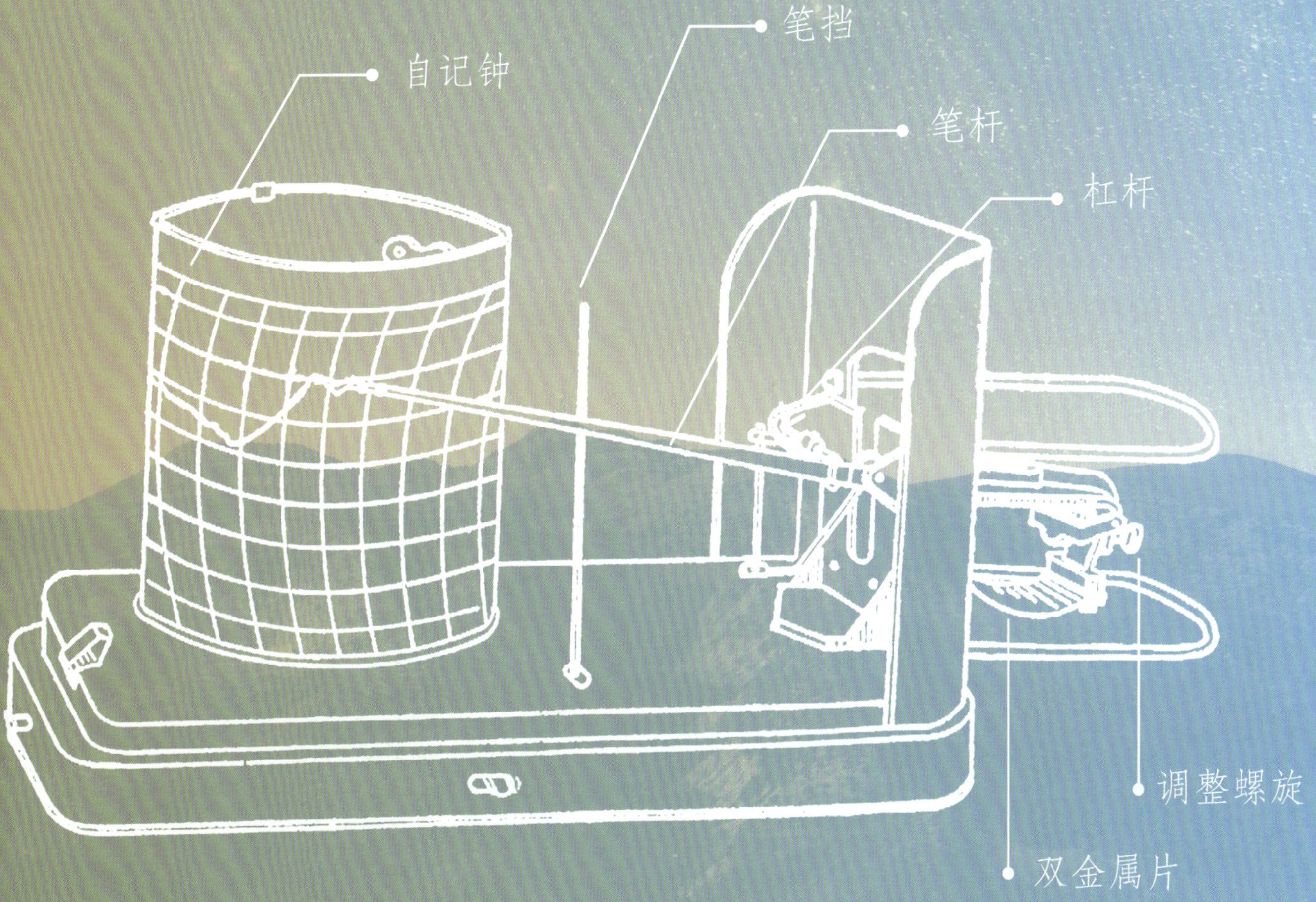

· 双金属温度计结构示意图

铂电阻温度传感器

从20世纪90年代后期开始，我国追赶国际先进技术水平，地面气象自动观测业务得到快速发展，气温、气压和能见度等气象要素实现自动观测。在自动气象观测站中一般采用铂电阻传感器测量气温，主要利用铂电阻的电阻值可随温度的变化而变化的特性来测量。

铂电阻温度传感器常采用恒流源法将随温度变化的电阻值转换为电压信号，再代入公式计算得出环境气温。这种测量方法既简单又准确，并且可以消除引线电阻的影响。

· 自动气象观测站内铂电阻温度传感器安装位置实景图

· 铂电阻温度传感器实物图

温度传感器一般由精密级铂电阻元件和经特殊工艺处理的防护套组成；湿度传感器通常由感应部件和外套管组成，感应部分位于杆头部。三支温度传感器安装在支架上的正东、正北、正南方位，一支湿度传感器安装在支架上的正西方位，如需增加温度和湿度传感器，则可安装在东北、东南、西北、西南4个方位。安装温度和湿度传感器时，感应部分垂直向下，感应元件的中心部分距离地面高度1.5米；传感器电缆要连接、固定牢靠。

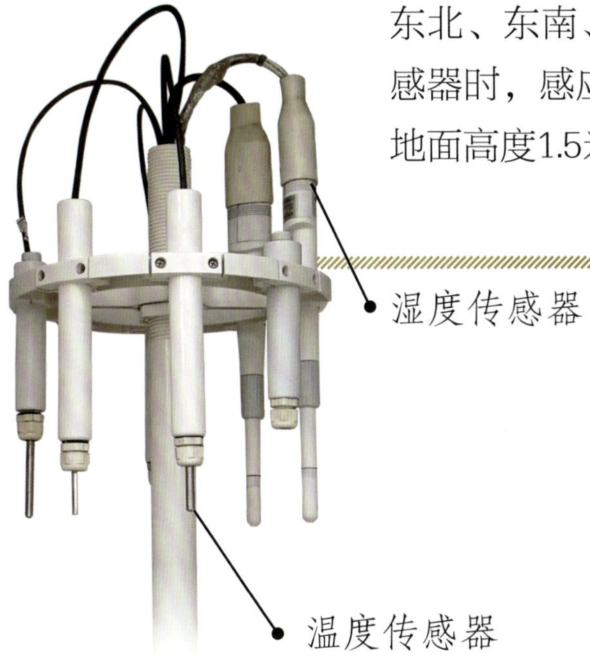

· 铂电阻温度传感器实物图

铂电阻温度传感器

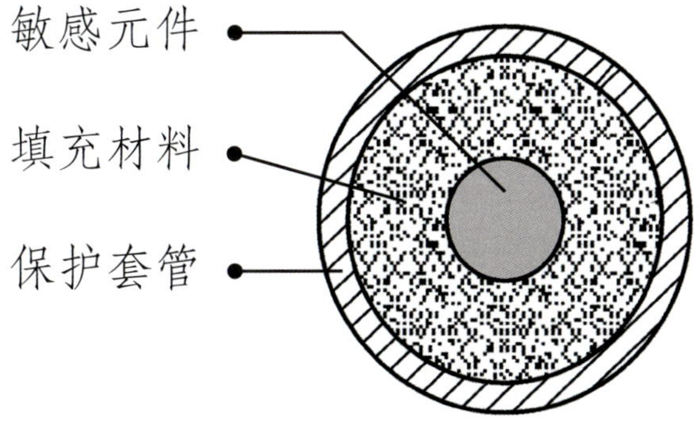

· 铂电阻温度传感器截面结构示意图

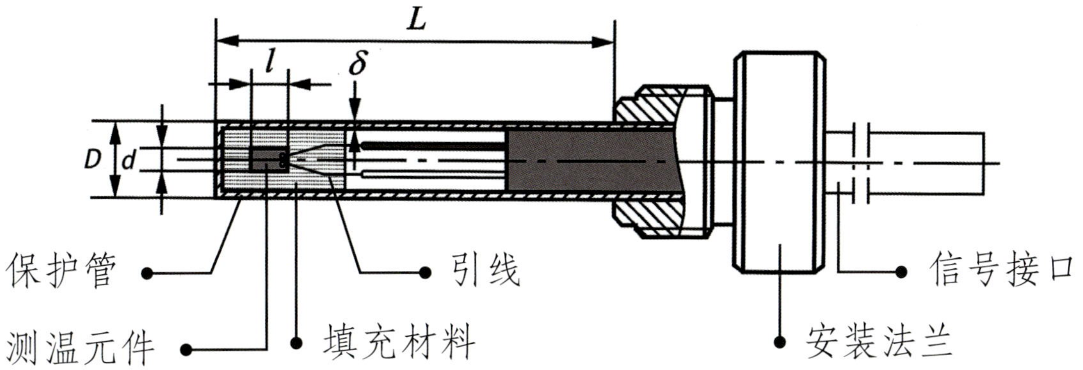

D—传感器保护管的外径；L—插深长度；δ—保护管壁厚

d&l—传感器元件的宽度和长度（薄膜传感器）或直径和长度（陶瓷传感器）

· 铂电阻温度传感器结构示意图

拓展知识

1.5米的奥秘

我国气象部门依据世界气象组织规定的标准测量气温，即测量距离地面1.5米高处百叶箱内的空气温度。实际上，全球所有国家和地区都需要按照世界气象组织制定的标准观测气温，目的是让世界各地的气温具有可比较性。

那么，世界气象组织为什么选择观测1.5米高处百叶箱内的气温呢？

首先，因为1.5米是普遍人类活动的高度，且这个高度空气变化比较稳定。

其次，百叶箱可以阻挡太阳对测量仪器的直接辐射和地面对仪器的反射辐射，同时保护仪器免受强风、雨、雪等因素影响，并使仪器感应部分保持适当通风，可真实地感应外界空气温、湿度的变化。

此外，气温观测记录必须具有代表性、准确性和可比较性。百叶箱要设置在可以反映观测点周围一定范围内平均气象状况的地方，尽可能远离大型水体、公路铁路、高大建筑物等，保证气象探测信息不受环境干扰。这一点也适用于其他所有气象要素的观测。具体详见《气象设施和气象探测环境保护条例》（国务院令第623号，2012年12月1日施行）。

气温、体感温度、地表温度有何区别

为什么高温天人们在户外感觉到的温度明显比气象部门公布

的实况气温高？为什么冬天刮起大风，我们便会感到寒风似刀？实际上，这些都与体感温度有关。

体感温度是指人体感知到的冷热程度，不能简单理解为人体皮肤温度。在相同的气温条件下，人们会因湿度、风速、太阳辐射、着装材质和颜色甚至心情等不同而产生不同的冷热感受。

根据世界气象组织统一规定，体感温度受四项因素影响。一是气温，即实际的空气温度。二是湿度，有时气温比较高，但是湿度比较小，人体并不感觉难受，是因为体表水分被高温蒸发使人体感觉比较干爽；但若湿度增大到60%以上且风速很小时，人们就会产生闷热难熬的感觉，俗称“桑拿天”。三是风速，一定的风速会使人感觉空气在流动，身体散发出的热量都被吹离体表。夏天时，气温虽然比较高，但是有风会感觉比较干爽；冬天时，大风会使人体散失热量加快，便会感觉更加寒冷。四是辐射，太阳辐射直接照射到人，会感觉难受，如果在树荫或遮阳棚下，就会感觉相对舒适一些，一般阴天与晴天的温度相差4～6℃，甚至更大。

此外，地表辐射对体感温度的影响也比较大。太阳短波辐射到达地面后，一部分被反射，一部分被地面吸收，从而使地面增热。同时，地面再通过长波辐射把热散发出去，给空气增温。因此，如果站在地表比较热的地方，地表温度一般都会高于百叶箱测到的温度。而不同的地表，在同样的太阳辐射下也会产生不一样的温度。比如，同一座城市内，在阳光强烈的情况下，草地、水面、水泥路、柏油路和地砖等不同地表上1.5米高度的气温均不同，且会比百叶箱里测得的气温高出4～5℃，甚至更高。

气压观测

众所周知，“人往高处走，水往低处流”，水在正常情况下是从高处往低处流淌的，可我们用吸管喝水或工业水泵抽水时，却可以让水从低处流向高处，这便是气压的作用。

在气象观测中，地面气压是作用在1平方米单位面积上的大气压力，即在数值上等于单位面积上向上延伸到大气上界的垂直空气柱所受到的重力。气象学上常用百帕（hPa）或水银柱高度的毫米数（mmHg）表示，一个标准大气压力是1013.2百帕，或760毫米高水银柱，它相当于一平方厘米面积上承受1.0336千克重的大气压力。气压大小与高度、温度等环境条件有关。一般随高度增大而降低，因此可以根据气压在垂直方向上的变化测算高度；在水平方向上，气压的差异会引起空气流动，进而产生风，因此是天气预报参考的重要气象要素之一。而要比较不同气象站气压的高低，必须先将地面气压都订正成海平面气压。

气压对天气的预测和变化起到了重要的作用。空气从高压流向低压，产生了大气运动，因此气压的高低可以反映大气的稳定性和运动方向。同时，气压在垂直和水平方向分布不均匀或发生变化，是引起天气变化的重要因素。因此，分析气压场的变化是天气预报的基础。通过观测气压，气象预报员可以预测出未来几天的天气状况。

航空部门常利用气压数值来测定空气密度，以确定飞行高度。飞机按照规定高度飞行是保证航空安全的必要条件，一般通过气压式高度表测量机外气压的变化和大小来判断飞机的飞行高度。

气压观测的前世今生

“风产生于地球上两个地区的温差和空气密度差。”这是人类对风的第一个科学描述。而讲出这句话的人正是水银气压计的发明者——托里拆利。

17世纪以前，学术界存在这样的争论：空气有无重量？能否产生压力？真空是否存在？不少人的回答都是否定的，即所谓“自然界厌恶真空”，而托里拆利则认为答案应当是肯定的。为了证明自己的观点，1643年，他做了一个著名的实验：在长为1米、一端封闭的玻璃管内装满水银，用手指封住管口将玻璃管倒立于一个水银槽内，待开口端全部浸入水银槽内时再放开手指。他发现，原来达到管顶的水银面一直下降，然后停留在比槽中水银面大约高出76厘米的地方，而且玻璃管封闭的一端出现了一段空间。

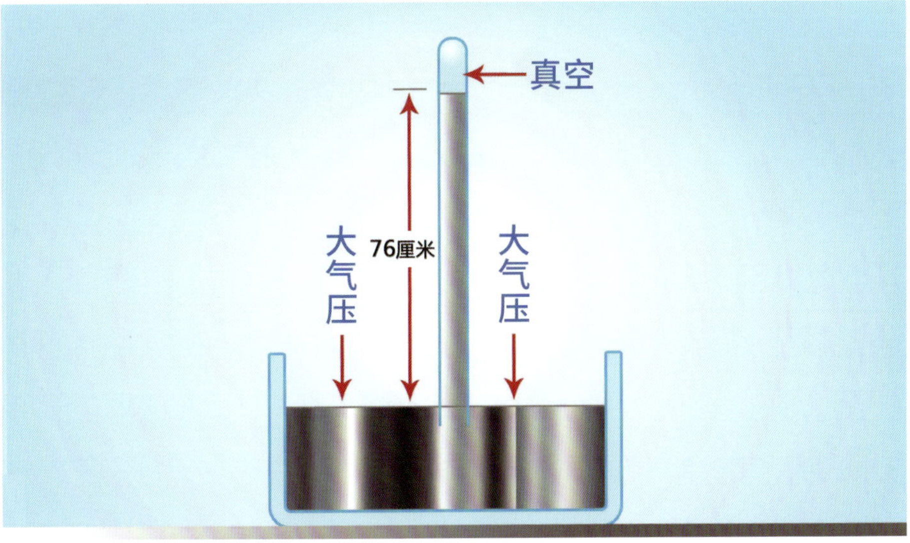

· 托里拆利水银柱实验示意图

· 意大利物理学家托里拆利

后来，托里拆利还发现管中水银柱的高度会因地面的高度、天气阴晴及气温的变化而变化，由此得出大气压会随着这些因素的变化而变化的结论。他根据这个原理，利用水银柱高度来测量大气压，并制造出世界上第一个水银气压计。

不久后，德国科学家格里克也进行了大气压强的试验研究。通过长期的观察，他发现水柱高度的变化与天气有关，气压高时天气晴朗；气压降低时，将有风雨天气出现。1660年，他根据一次气压的突然下降，预报了一场大的风暴。

1951年初，中央军委气象局研究决定，选派赵振魁和曾宪沪去南京学习，由时任中国科学院南京地球物理研究所所长赵九章亲自指导他们，并请来南京医学院生物化学系苏华昌老师教他们烧制玻璃。1951年底，经过近一年的学习，他们（水银气压表研制组）基本掌握了生产水银气压表的关键技术，并制造出了新中国成立以来的第一支水银气压表。随后，他们又在此基础上陆续完成了一批水银气压表制作任务，这些设备被运往朝鲜战场，以建立气象观测站。

1956至2000年，动槽水银气压表（以下简称“动槽表”）和定槽水银气压表（以下简称“定槽表”）一直是我国气象观测站地面气压测量的主要仪器。在此期间，中国从未间断对无汞气压传感器的研究和试验，并成功研制了空盒气压表、沸点气压表及振筒式气压表。20世纪80年代，依托于微机械加工技术的发展，一种新型的数字化气压测量仪器——硅电容气压表逐步发展和成熟起来，预示了气压测量仪器的无汞化、数字化时代的到来。自2000年起的10余年，气象部门开展了振筒式气压传感器、膜盒式电容气压传感器与动槽表、定槽表的并行观测，并在2013年正式投入我国气象观测网业务运行，实现了气压高精度、连续自动观测，同时也解决了水银污染的问题。

气压观测仪器

新中国成立以来，我国的气压观测手段逐步实现了从人工观测到自动化观测的飞跃，观测数据也越来越准确，为气象预报服务提供了有力支撑。

动槽式水银气压表

人工观测时期的“大功臣”——动槽表。它主要由内管、外套管与水银槽三部分组成，水银槽的上部有一象牙针，针尖位置就是刻度标尺的零点，利用作用在水银面上的大气压强和与其相通、顶端封闭且抽成真空的玻璃管中的水银柱对水银面产生的压强相平衡的原理而制成。

观测人员在每次观测时，必须按要求将槽内水银面调至象牙针尖的位置。虽然操作比较复杂，但是动槽表为观测员观测天气提供了很大帮助。

与动槽表同时使用的还有定槽表，其原理和结构与动槽表基本相同。由于其操作相对简单，受海拔影响的测量误差较小，在低海拔地区使用较多。

· 动槽式水银气压表实物图

动槽式水银气压表

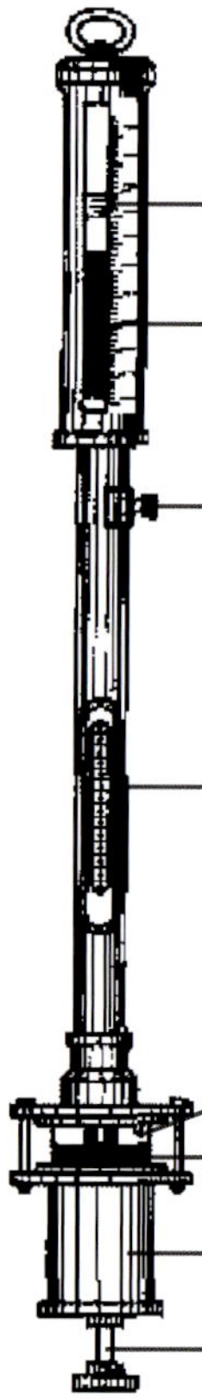

· 动槽式水银气压表结构示意图

扫我，
我会动起来哦！

动槽式水银气压表

▶>> 空盒气压计

在人工观测时期，连续测量记录气压变化最有力的“干将”是空盒气压计。

空盒气压计以弹性金属做成的薄膜空盒作为感应元件，它将大气压力转换成空盒的弹性位移，通过杠杆和传动机构带动指针。

当指针顺时针方向偏转时，就指示出气压升高的变化量；反之，当指针逆时针方向偏转时，即指示出气压降低的变化量。当空盒的弹性应力与大气压力相平衡时，指针就停止转动，这时指针所指示的就是当时的大气压力值。由于准确度所限，其记录必须与水银气压表测得的本站气压值做比较，并进行差值订正，才更为准确。

▶>> 膜盒式电容气压传感器

在我国自动气象观测站中，普遍采用的就是膜盒式电容气压传感器，它的主要部件为电容式硅膜盒。

电容式硅膜盒由薄层单晶硅通过静电焊接方法焊接在一个镀有金属导电膜的玻璃片上，中间形成真空而组成的。在薄层单晶硅片上靠近玻璃片的两边处，用蚀刻方法形成硅膜，并对硅膜采用喷镀金属方法使其具有导电性，而使导电玻璃片与硅膜形成平行板电容器，分别为该平行板电容器的两个电极。

当外界大气压力发生变化时，单晶硅膜盒随之发生弹性变形，从而引起硅膜盒平行板电容器电容量的变化，最后再通过电容效应来确定气压的变化。

扫我，我会动起来哦！

空盒气压计

空盒气压计

· 空盒气压计实物图

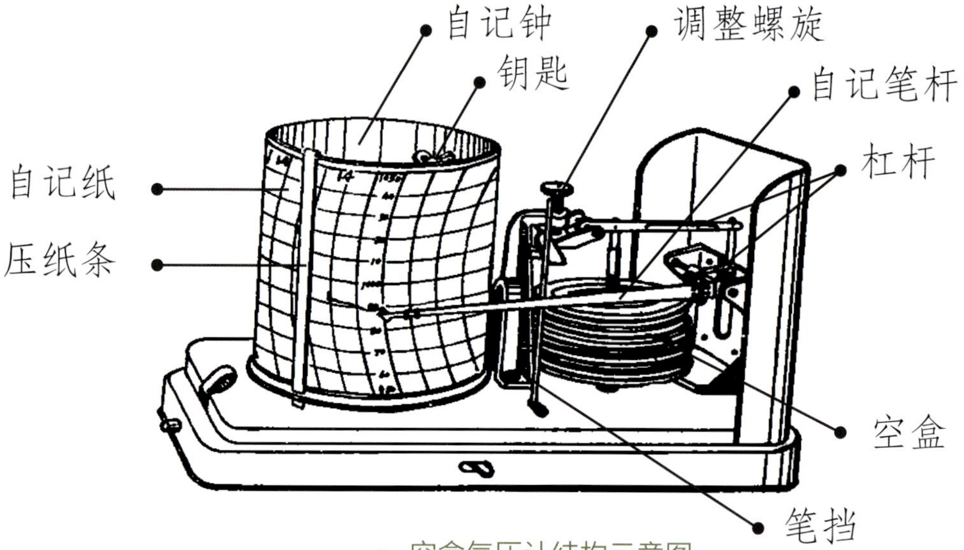

· 空盒气压计结构示意图

扫我，我会动起来哦！

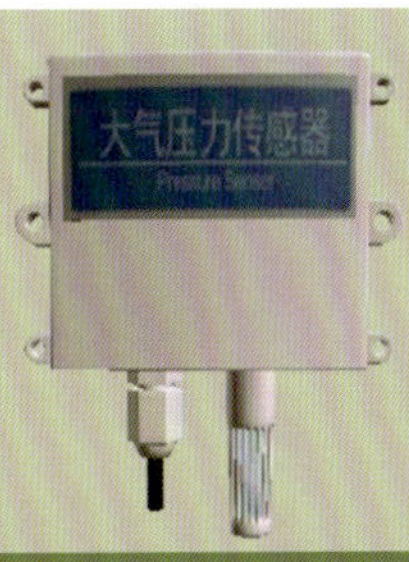

膜盒式电容气压传感器

· 膜盒式电容气压传感器实物图（外观）

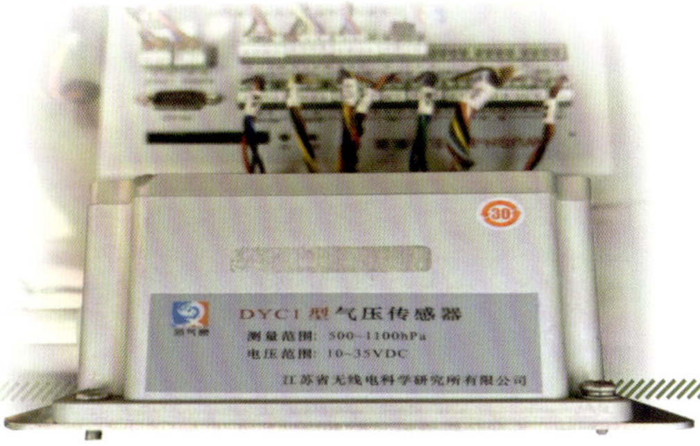

· 膜盒式电容气压传感器实物图（内部）

膜盒式电容气压传感器

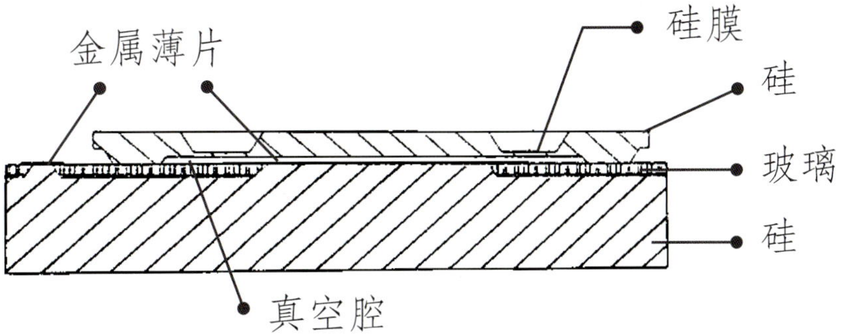

· 膜盒式电容气压传感器结构示意图

拓展知识

气压产生的原因

地球周围包着一层厚厚的空气，由氮气、氧气、二氧化碳、水蒸气和氦、氖、氩等气体混合组成，通常把这层空气的整体称为大气层。它上疏下密地分布在地球的周围，总厚度达1000千米，所有浸在大气里的物体都要受到大气作用于它的压力，就像浸在水中的物体都要受到水的压力一样。

大气压产生的原因可以从不同的角度来解释。由于地球引力作用，空气被压在地面上，就要靠地面或地面上的其他物体来支持，这些支持着大气的物体和地面，就要受到大气压力的作用。或者，可以用分子运动的观点解释，因为空气是由大量做无规则运动的分子组成，而这些分子必然要不断地碰撞浸在空气中的物体。每次碰撞，气体分子都要给予物体表面一个冲击力，大量空气分子持续碰撞的结果就体现为大气对物体表面的压力，从而形成大气压。若单位体积中含有的分子数越多，则相同时间内分子对物体表面单位面积上的碰撞次数越多，因而产生的压强也就越大。

利用分子运动论的观点也可以解释为什么大气层不均匀分布，造成大气压下高上低的现象。

气压的影响因素

大气压强与海拔高度

地球上面的空气层密度并不相等。靠近地表层的空气密度较大，高层的空气稀薄，密度较小。大气压强既然是由空气重力产生的，海拔高的地方，上面空气柱的高度小，密度也小，所以距离地面越高，大气压强越小。例如，在海拔3000米内，每上升10米大气压强约减小

1百帕（hPa）；在海拔2000米内，每上升12米大气压强约减小1毫米汞柱（mmHg，约为1.33百帕）。

离地面200千米以上，仍有空气存在。虽然高空空气密度很小，但作用于地面上的压强仍然很大。人体在大气内对气体的压迫毫无感觉，这是因为人体的内外部同时受到气压的作用且恰好都相等的缘故。

这里所说的气压并不是指大气压强，而是指一定质量的气体压强。由于气体的压强本质上是大量做无规则运动的气体分子与容器壁不断碰撞而产生的，因此当其他条件不变的情况下，气体体积减小会使气体分子与容器壁碰撞的次数增多而使压强增大。在温度不变的情况下，一定质量的气体体积越小，压强越大；体积越大，压强越小。打气筒就是利用这一原理制成的。

沸点与大气压的关系

实验表明，一切液体的沸点并不是固定不变的，即气压减小时降低、气压增大时升高。“水的沸点是100℃”的前提条件是在标准大气压下。

由于气压随高度降低，所以水的沸点随高度降低。例如，海拔1000米处水沸点约97℃，3000米处约91℃；在海拔8844.86米的珠穆朗玛峰顶，水在72℃就可以沸腾。因而在高山上烧饭要用不漏气的高压锅，锅内气压高于标准大气压时，可使水的沸点高于100℃，不但饭熟得快，还可以节省燃料。

流体压强与流速的关系

在气体和液体中，流速越大的位置压强越小，即伯努利原理。实际应用的例子便是民航飞机，机翼上方的空气流速大，压强小；下方的空气流速小，压强大，这一压强差产生压力差，使飞机获得竖直向上的升力。

空气湿度观测

当你感到“身上黏糊糊，脑袋沉甸甸，呼吸不顺畅，心情很烦闷……”的时候，可能是空气中的水汽含量接近饱和了。空气中的水汽含量及其变化与天气变化关系密切，水汽是形成云、雾、降水现象的重要因素之一，其水相转换是重要的能量传递方式。因此，空气湿度是重要的观测项目之一。

气象学中，空气湿度是表示空气中水汽含量和潮湿程度的物理量。表征空气湿度的物理量很多，人们日常用到的是相对湿度，它是反映空气中实际水汽压与当时气温下的饱和水汽压之比，其大小能直接表示空气距离饱和的相对程度。除相对湿度外，表征空气湿度的物理量还有水汽压、露点温度等。水汽压是指空气中水汽部分作用在单位面积上的压力。露点温度是指空气在水汽含量和气压不变的条件下，降低气温达到饱和时的温度，也称露点。

空气湿度会影响人们的身体健康和工作效率。较高湿度的环境容易导致人体出汗、脱水、疲劳等问题；在医院内，湿度过高会影响病人的睡眠质量，增加感染的风险；在实验室内，过高或过低的湿度会影响实验结果的准确性；在仓储场所内，过高的湿度会损坏货物，影响经济效益；在农业活动中，湿度会影响植物的生长，过高或过低都会导致各种问题，比如干旱、病虫害等，进而影响农作物的产量和品质。

那么，空气湿度是如何观测的？利用一根头发，就可以知晓空气的湿度吗？

空气湿度观测的前世今生

空气湿度的测量由来已久，我国是最早发明测湿仪器的国家。西汉时期，最早进行湿度测量是通过悬土炭法，《史记·天官书》中记载了把土和炭分别挂在天平两侧，以观测挂炭一端天平升降的仪器。这就是原始的湿度计，当天气干燥了，炭就轻，天平就倾向于土；天气潮湿了，炭就重，天平就倾向于炭，即“燥故炭轻，湿故炭重”。东汉王充在《论衡·变动篇》中曾经谈到，琴弦变松，天就要下雨。这是空气变潮湿导致了弦线伸长。可见，古代的弦琴也可当作原始的空气湿度测量仪器，现代毛发湿度计中的毛发，其实就是古代琴弦的微缩。

1674年，英国人波义耳发明自记湿度计；1783年，瑞士人索修尔发明毛发湿度表；1799年，英国人莱斯利研制出干、湿球湿度表；1825年，德国人奥古斯特提出干湿表测湿方法并于1828年研制出干湿表；1831年，英国人丹尼尔发明露点仪；1891年，德国人阿斯曼发明了通风干湿表。

进入20世纪后，各种新型测湿材料和新方法不断涌现，电阻、电容等电测湿度计，红外、微波辐射湿度计等相继问世，测湿仪器更加多样化和现代化。

毛发湿度表测湿原理

毛发湿度表的感应部分由一束毛发组成，以增大拉力，发束两端固定以提高测湿的灵敏度，传动机械采用曲臂杠杆，起到传递放大和调整放大率两个作用。通过调整放大率，可以消除毛发自身随相对湿度改变其伸长量的不均匀性，使自记笔尖对湿度的变化做均匀移动，因而自计纸的刻度线是等距的。自记纸也是在自计钟的带动下连续记录相对湿度的变化。

值得指出的是，毛发的热膨胀系数极不规则，具有温度效应。实验表明，毛发在1.5℃时最长，1.5～15.0℃时，随着温度的升高其伸长量逐渐缩短，而在1.5℃以下时，随着温度的降低其伸长量迅速缩短。

此外，毛发指示的湿度常常落后于实际湿度的变化，具有滞后效应。毛发还具有瘫痪效应，如果毛发在相对湿度低于30%的空气中放置过久，当湿度再回升时，毛发指示度总是低于实际湿度，感湿速度也显著下降。

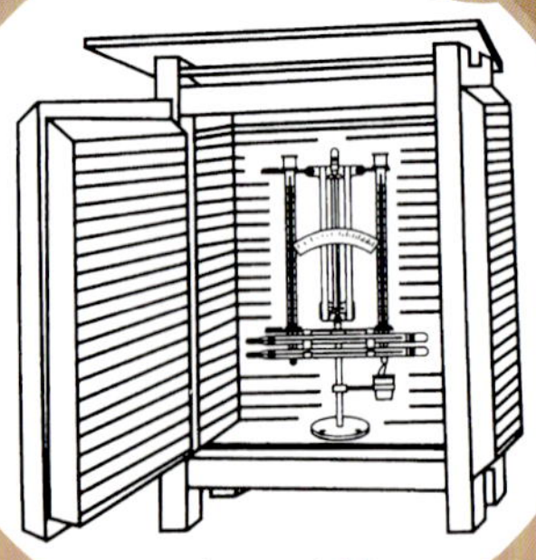

· 小百叶箱

考虑到毛发测湿的精度较低，而且影响毛发测湿精度的因子比较多，因而毛发湿度表在使用前需要与干、湿球温度表进行对比观测，并编制毛发湿度订正图。

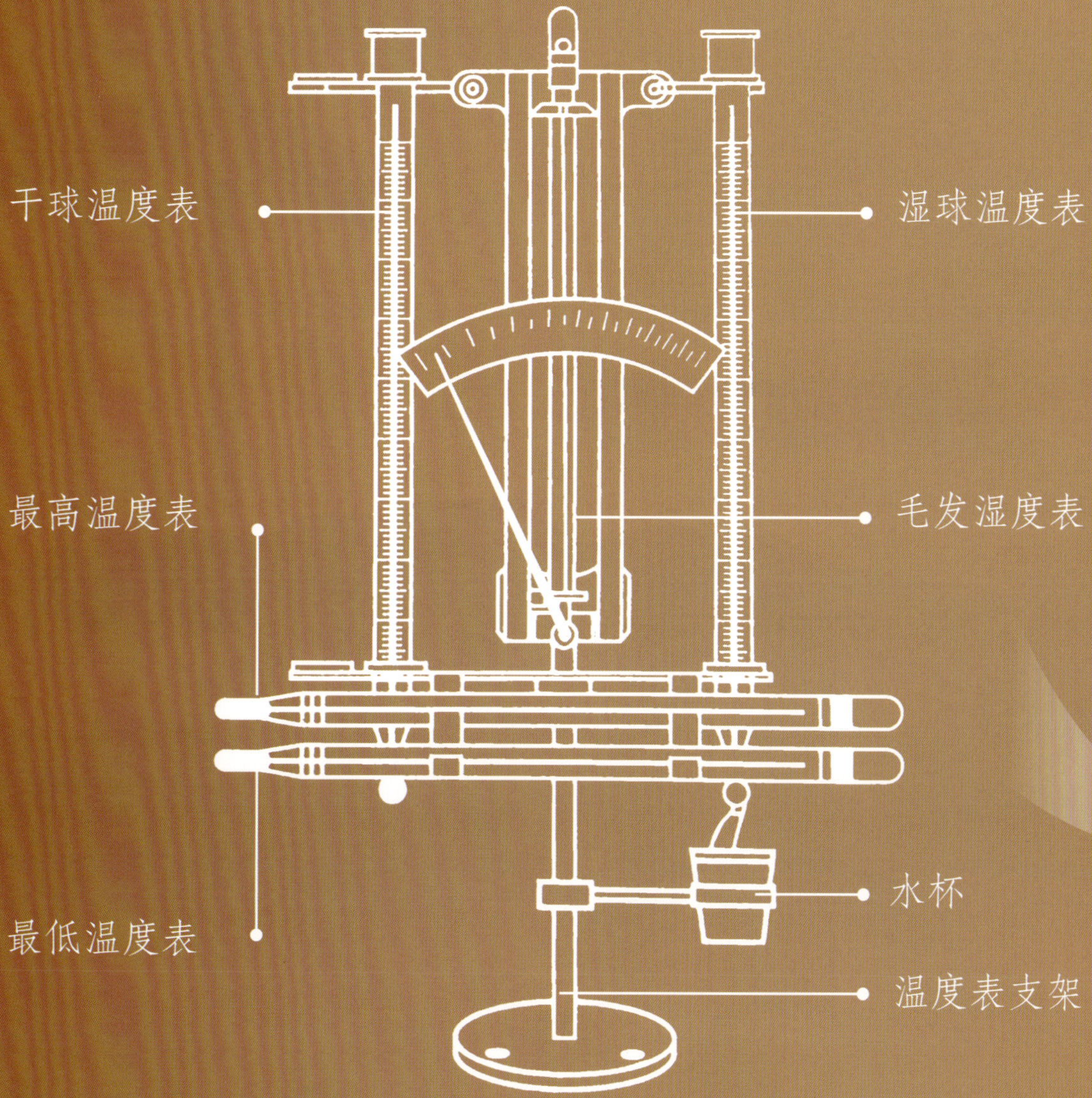

· 毛发湿度表安装位置示意图

· 毛发湿度表实物图

毛发湿度表

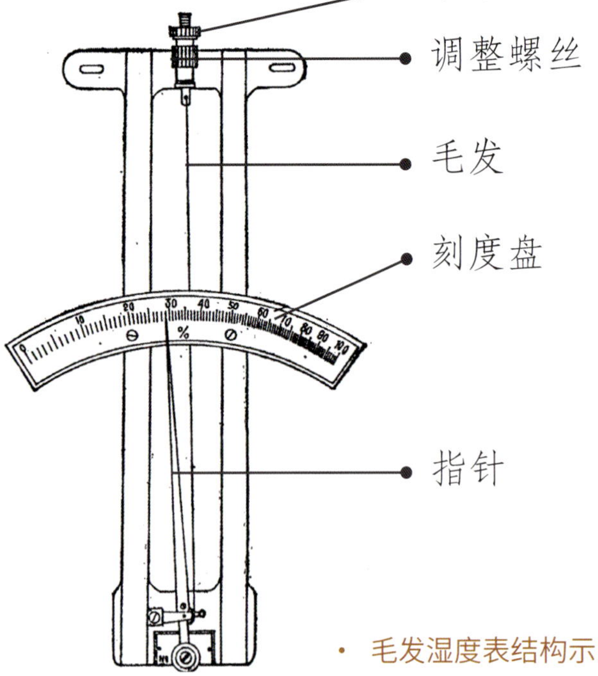

· 毛发湿度表结构示意图

扫我，
我会动起来哦！

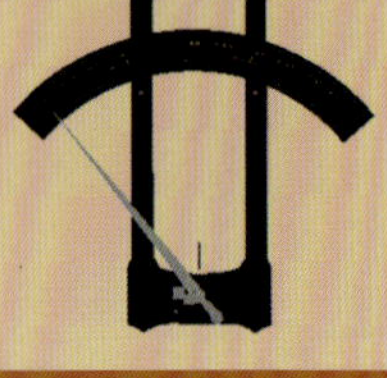

毛发湿度表

观测空气湿度的仪器有哪些?

人工观测时期常用于测量湿度的仪器主要有干、湿球温度表，毛发湿度表，通风干湿表和毛发湿度计等；自动观测时期最常用的是湿敏电容湿度传感器。对于干、湿球温度表测湿已在“气温观测”中介绍，在此不再赘述。

毛发湿度表

毛发湿度表是利用脱脂毛发的长度随湿度变化的特性来测量空气相对湿度，主要由感应元件、传动放大机构、调节机构、指示部分组成，并安装在百叶箱内干湿表的支架上。由于干、湿球温度表在湿球结冰时需要溶冰，容易产生较大的测湿误差，在冬季－10℃以下时，应停止干、湿球温度表测湿，改用毛发湿度表。

毛发为何能够测量湿度？实验发现毛发和空气湿度有较好的对应关系，在不同湿度条件下，毛发的长度会发生细微的变化，如在即将下雨时，湿度接近饱和，毛发就会伸长。正是由于这个特性，在木结构的仪器之中，一根拉得笔直、长约22厘米的脱脂人发被当作该仪器的感应元件。

当相对湿度从0%到100%变化时，毛发将伸长其本身长度的2.5%，但在不同的湿度上其伸长量并不均等。相对湿度变化量相同时，低湿时毛发伸长量大，高湿时毛发伸长量小，所以毛发湿度表的刻度是左疏右密。

通风干湿表

通风干湿表的测湿原理与干、湿球温度表相似，采用干、湿球温度表作为测湿元件，利用其水分蒸发时能量消耗与空气运动补充热量之间的平衡来测量空气湿度。它由干、湿球温度表，通风装置，金属套管，双层保护管和上水滴管等组成。温度表球部装在与风扇相通的管形套管中，利用机械或电动通风装置，使风扇获得一定转速，球部处于≥2.5米/秒（电动通风可达3米/秒以上）恒定速度的气流中。

通风干湿表由于其表面镀有反射性能很好的镍或铬，是良好的反射体，能防止太阳对仪器的直接辐射，同时温度表感应球部又处于能防止热传导的双重护管中，所以可在自然环境下使用。主要用于野外考察，以及干、湿球温度表和气温、湿度自动观测出现故障时备用。观测前，需先把仪器悬挂在百叶箱或观测场内，感应部分离地高1.5米。在读数前4～5分钟用滴管湿润湿球纱布，然后上好风扇发条，注意不要让风把观测者自身热量带到通风管中去。当气温低于0℃时，为使温度表充分感应外界情况，应于观测前半小时湿润纱布并上好风扇发条。在观测前4分钟再通风一次，但不再湿润纱布。观测时应注意湿球是否结冰，示度是否稳定。

当风速大于4米/秒时，应将防风罩套在风扇迎风面的缝隙上，使罩的开口部分与风扇旋转方向一致，这样就不会影响风扇的正常旋转。

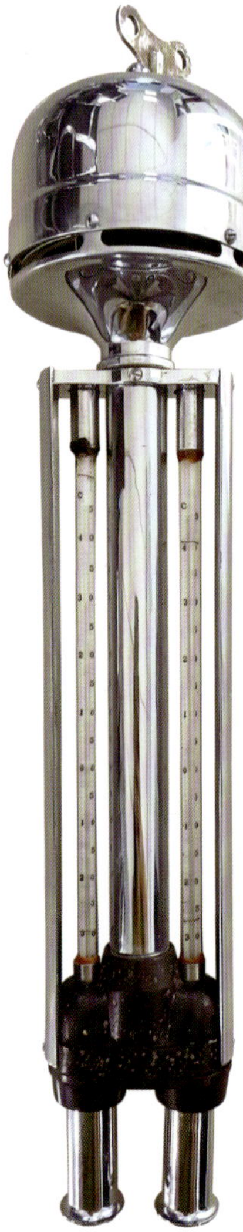

· 通风干湿表实物图

使用时，需要细心保护下端护管的镀镍面，使其免受任何损伤。每次观测后，应用纱布擦净外壳，并放回盒中。从盒中取出仪器时，应拿着风扇帽盖下的颈部，不要捏在金属护板处，也不能用手触摸护管。由于有金属机械部分，因此在雨天使用后应防止生锈。

通风干湿表的读数误差可以分为热电偏差和湿度偏差两种。热电偏差主要由传感器自身产生，通常在常温下为几个百分点；湿度偏差是由于传感器受到温度和湿度变化的影响而产生的。

通风干湿表

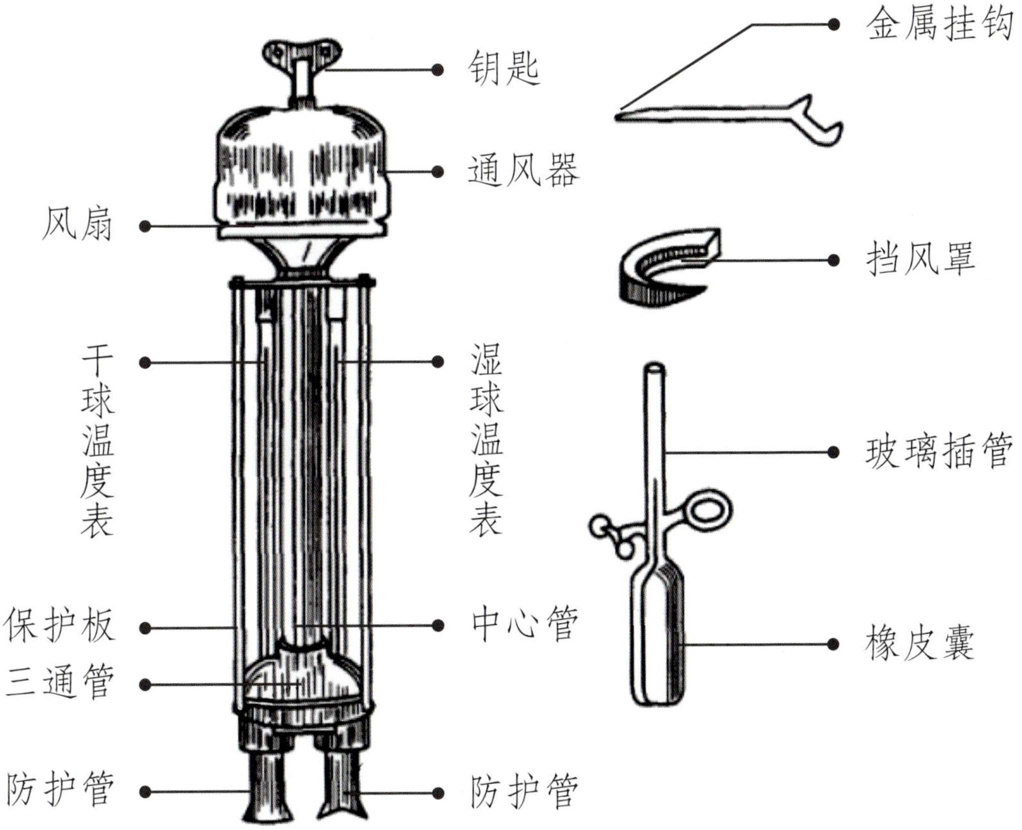

· 通风干湿表结构示意图

扫我，
我会动起来哦！

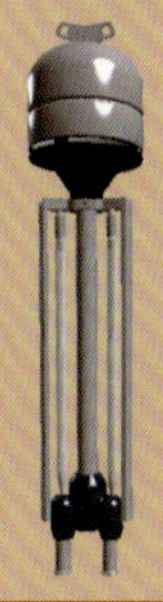

通风干湿表

毛发湿度计

毛发湿度计是自动记录相对湿度连续变化的仪器，它由感应部分（脱脂人发）、传动机械（杠杆曲臂）、自记部分（自记钟、纸、笔）组成。当湿度变化引起毛发长度改变时，传动放大机构将其转换放大为笔尖的上下位移，随钟筒的转动，自记笔尖就在自记纸上连续记录了湿度值。

· 毛发湿度计实物图

扫我，我会动起来哦！

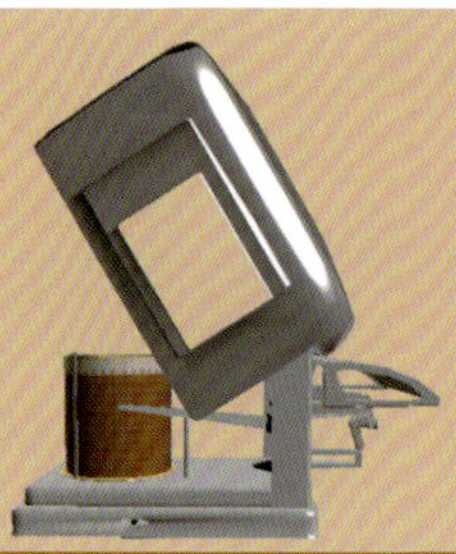

毛发湿度计

· 毛发湿度计实物图

毛发湿度计

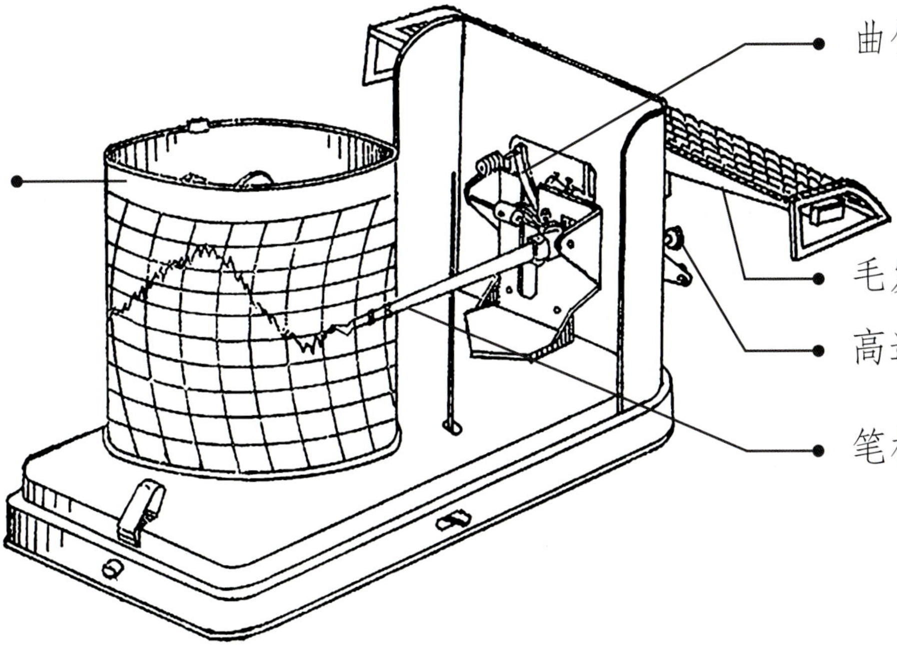

· 毛发湿度计结构示意图

湿度传感器

我国从准自动化到全自动化观测的过渡期，仪器自动观测已成地面观测主流。测量湿度的湿敏电容便是这一时期的代表作。

当前，自动气象站与探空仪中，通常用湿度传感器测量湿度，它采用高分子薄膜湿敏电容，借助其感湿特性的电介质，即介电常数随相对湿度的变化而变化。在外界相对湿度变化时，作为感应膜的高分子聚合物能对水汽分子进行吸附和释放，其介电常数随之变化，促使湿敏电容量发生变化，湿度变化引起湿敏电容的电容变化，由信号变换电路将电容的变化变换为电压信号，最终由电压信号获得湿度数据。

简单而言，就是当大气中的水汽透过上层电极进入介电层，介电层吸收水汽后，会导致电容器的电容量发生变化。由于仪器更加精密、算法更科学，其误差也从毛发湿度表时代的10%左右降低到了4%左右。

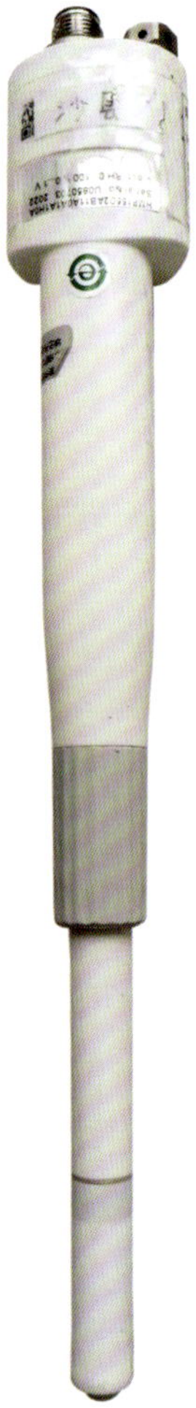

· 湿度传感器实物图

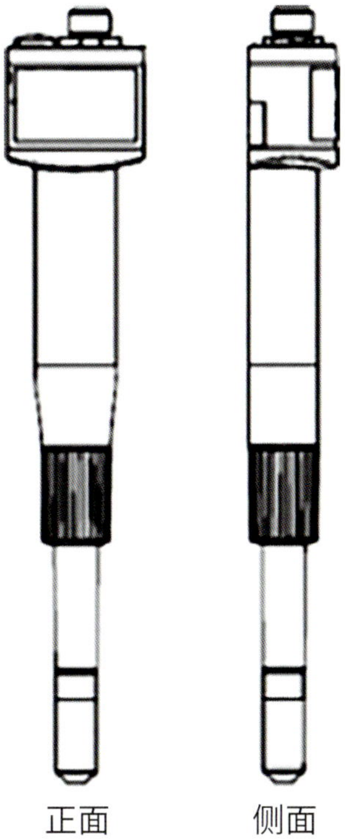

· 湿度传感器外观示意图

湿敏电容

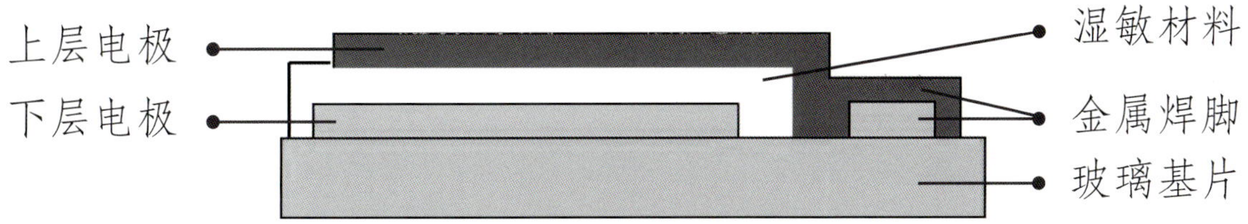

· 湿敏电容结构示意图

拓展知识

露点越高，人越难受

通常情况下，当温度降到某一数值时，空气中的水汽会凝结为小水滴，悬浮在空中或附着在物体上（露珠），这时的温度我们称之为露点温度，简称露点。比如露点为15℃，意味着外界温度必须降至15℃以下，空气中的水汽才会达到饱和，进而在草上、树叶上形成一颗颗亮晶晶的小水珠。

露点是衡量绝对湿度（单位体积湿空气中所含水汽的质量）的一种方式，其与气温无关，只与湿空气的水汽含量有关，水汽含量愈多，露点温度愈高。比如某地的露点为10℃，那么此地空气的绝对湿度就是10℃时的饱和水汽量。由此可见，露点越高，说明空气中水汽越多。反之，露点越低，说明空气中水汽越少。

虽然天气预报并不会提到露点，但它是衡量身体是否感觉舒服的重要指标之一。它和风、日照等因素一起，影响人们的体感温度（即人体真正感受到的空气温度）。

露点高时，人们通常会感到不适。如前所述，高露点时气温一般较高，这会让人体排汗；高露点有时还伴随着高相对湿度，这让汗水挥发受阻，人会因体温过高而不适，甚至生病。而低露点时，气温或者相对湿度会比较低，人体可以有效地散热，因而比较舒适。

湿度告诉飞蛾哪里花蜜多

人类讨厌的闷热潮湿环境，对于昆虫来说如同天堂。与体型大的动物相比，昆虫更容易脱水，因为它们的相对表面积（体表面积与体积的比值）更大，这意味着会从体表蒸腾散失的水分更多。因此，高湿度会增加昆虫的存活率，所以昆虫大多喜欢湿润的地方。其中，以飞蛾为最，它可以感应小到4%的湿度变化；还能通过感应湿度的变化来找到食物——花蜜。

这是因为花蜜有蒸腾作用，刚盛开的花朵头顶的相对湿度会高出环境约4%；随后，湿度差异会逐渐减小，直至大约半小时后花蜜耗尽。飞蛾必须找到那些开放不超过半小时的花朵，才可以享用到花蜜，因此它们进化出了对湿度变化的敏锐感知能力。

风的观测

空气运动产生气流，进而形成了风。这种运动不仅导致热量和水汽的交换，还伴随着天气的变化，预示着某种天气过程的发生或演变。因此，在天气预报中风的观测起着至关重要的作用。

无论是徐徐微风，还是怒号狂风，都是由太阳辐射引起的。当阳光洒落在地球表面，各地的大气受热不均，地表空气受热膨胀上升，而周围较冷的空气就会流入填补；上升的热空气在高处冷却后，又成为冷空气沉降至地面。这种冷热循环使得近地表的空气产生流动，就形成了风。

热力和地面摩擦力等的综合作用使得空气运动不只存在于水平方向上，但水平方向上的气流速度一般比垂直方向上的气流速度大一个数量级以上。因此，气象学上将空气的水平运动称为风。风具有显著的阵性特征，这种变化常常伴随着其他气象要素的迅速变化，标志某种天气过程的发生或演变。因此，风的观测十分重要，它在航空、航海、建筑等领域有广泛的应用。

在日常生活中，风会让我们的体感温度较实际气温低，也就是我们常说的“风寒效应”。当无风或微风时，人体周围的空气分子交换能力很弱，人体与空气之间便会形成较稳定的“过渡层”，起到保暖作用；而当空气流动很快时，“过渡层”被冷空气更替并带走热量，风速越大热量散失越快。

在农业生产中，风的作用也是多方面的。适度的风可以改善农田环境，无论是热量交换、农田蒸散，还是输送二氧化碳、氧气，这些过程都会随着风的增大而加快或加强；风还有助于植物花粉和种子的传播，促进植物授粉和繁殖。然而，由海上吹来含盐分较多的海潮风，可能给植物带来危害，抗不住高浓度盐分的植物会因此死亡。此外，极其干热的焚风和干热风，也可能导致果木和农作物干枯，降低产量，甚至死亡。

在能源开发方面，风能作为一种分布广泛、用之不竭的能源具有巨大潜力。我国内蒙古、东北地区、东南沿海及内陆高山等地，都蕴藏着丰富的风能资源，为可持续能源的开发和利用提供了广阔前景。

追古溯今的测风“神器”

自古以来，对风的观测备受人们重视。殷商时期，古人通过旗子的飘带洞察风向，而卜辞中也留下了关于风向的记载。不同时期对风的称谓，区分了东、西、南、北四个方向的风。

春秋战国时期，人们对风又有了新的认识。《春秋左传》中的“行八风”“八风平”等记载，以及《国语周语》中的“遂八风”，再到《吕氏春秋》中“八方风”的专有名称，均展示了人们对风向认识的深化，从四方位发展为八方位。

进入东汉时期，中国古代的科学家张衡发明了一种测风仪，又称为“相风铜乌”，人们可以通过铜乌转动的方向判别风向，这是世界上最

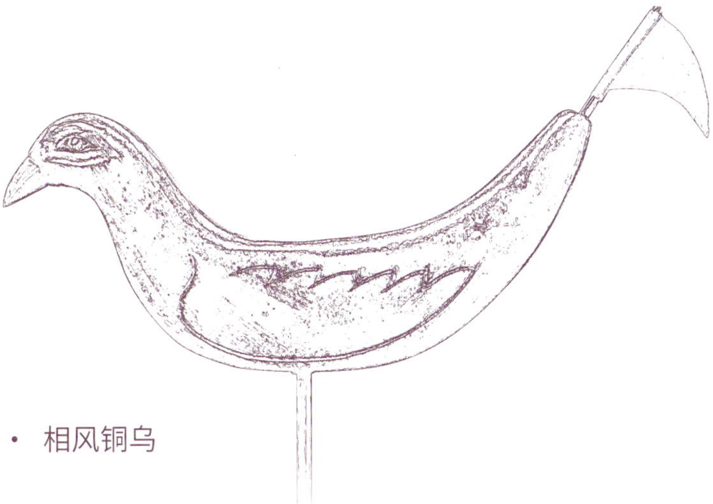

· 相风铜乌

早用于测定风向的气象仪器，西方与之相似的候风鸡晚了近1000年。然而，由于铜制的测风仪器较为笨重，转动不便，晋朝时，人们又研制出了更为轻便的木制相风鸟。

风与人们生活息息相关，如果无法评判风力大小，容易引发灾祸，因此唐代学者李淳风决定给风定级。他以树作为评定风力的标志，经过长期记录、观测不同大小的风吹来时，叶、枝、树干受到的影响，将风分为8级。这一系列成果被记录在《乙巳占》中，成为世界气象史上最早关于风力等级的专著，比英国人蒲福制定的风力等级足足早了1000余年。

随着欧洲文艺复兴的兴起和克里斯托弗·哥伦布发现美洲大陆，海上贸易日益繁荣，对风的观测需求也愈发迫切，这一时期，出现了多种用于海上航行的测风仪器，它们不仅能够测量风向，还能测量风速。1450年左右，意大利的利昂·阿尔贝蒂试制了压板式风速仪，20世纪50年代的中国气象台站就曾使用过此设备。

工业革命的到来，推动了新型气象仪器的飞速发展，大量气象观测站开始在世界各地建立。1846年，英国天文学家、物理学家约翰·罗宾逊发明了转杯式风速计，利用风的压力作用使风车或风杯转动，从而根据转速来确定风速的大小，是应用最广的风速表之一。1892年，英国人威廉·亨利·达因发明了达因式风速仪，实现了对瞬时风速的测量，这一仪器自问世以后的半个多世纪中一直受到气象界青睐，上海龙华气象观测站曾使用该设备长达40多年。20世纪50年代至60年代，苏式维尔德测风器作为测风仪器被我国引进并仿制。但是该测风器的全套机器比较笨重，因此我国科研人员自主创新，于1966年成功研制出了双压板测风器，不仅继承了苏式维尔德测风器的优点，还在减轻重量、便携性和测量精度等方面进行了显著改进，也为我国后续气象观测仪器的研发提供了宝贵经验和参考价值。

地面风的观测仪器

地面气象观测中主要观测风的水平运动，包括风向和风速两大要素。风向是指风的来向，风速是指单位时间内空气移动的水平距离，均用风的平均量表示，分为3秒钟、1分钟、2分钟和10分钟等规定时间段的平均值。日常主要用到的是2分钟平均风速、10分钟最大风速和极大风速（瞬时最大风速）。

平均风向是指在规定时间段内按照规定的算法计算得到的风向。人工观测时用最多风向表示，即在规定时间段内出现频数最多的风向。在气象学上，风向常用16个地理方位来表示，即以测站为中心，从北开始，把整个圆周分为16等分，为北、北东北、东北、东东北、东、东东南、东南、南东南、南、南西南、西南、西西南、西、西西北、西北、北西北。

风速以米/秒为单位，取1位小数。天气预报中的风力等级是指2分钟平均风速对应的风力等级。而阵风风力则指瞬时最大风速对应的风力等级。最大风速是指在某个时段内10分钟平均风速最大值。极大风速（阵风）是指某个时段内出现的最大瞬时风速值；瞬时风速是指3秒钟的平均风速。

值得注意的是，风的观测受周围环境和高度影响很大。地面气象观测中规定应观测离地面10米高度处的风向和风速，且要求观测场地四周开阔，尽可能地减少地形、地物等因素的干扰，以保证观测数据的代表性、准确性和比较性。

测量风的仪器主要有EL型电接风向风速计、EN型系列测风数据处理仪、轻便风向风速表、单翼风向传感器、风杯风速传感器等。其中，单翼风向传感器、风杯风速传感器等都属于自动观测风向风速的仪器。

EL型电接风向风速计

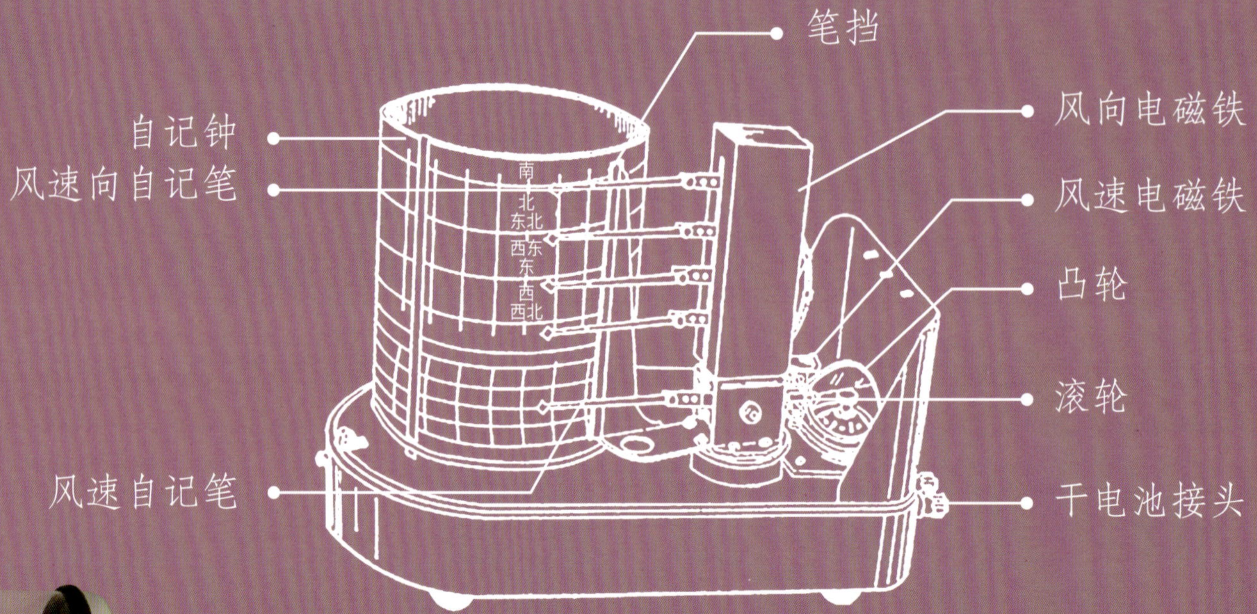

· EL型电接风向风速计记录器示意图

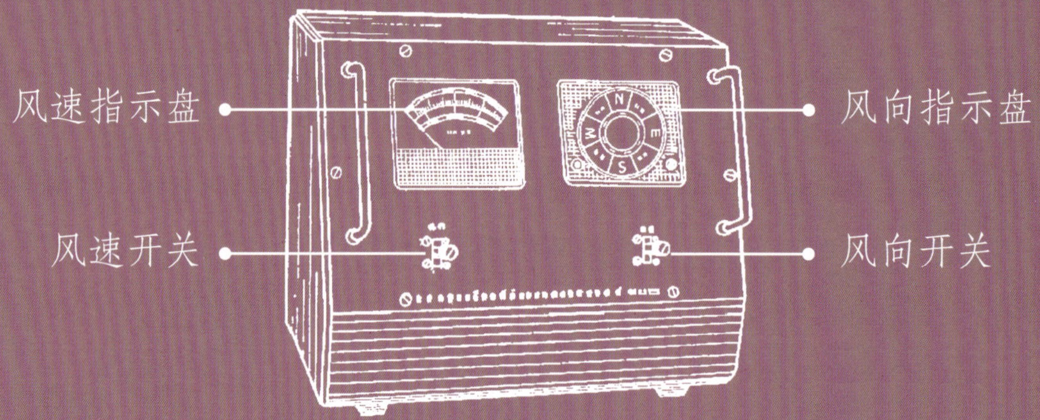

· EL型电接风向风速计指示器示意图

（开盖）

· EL型电接风向风速计感应器实物图

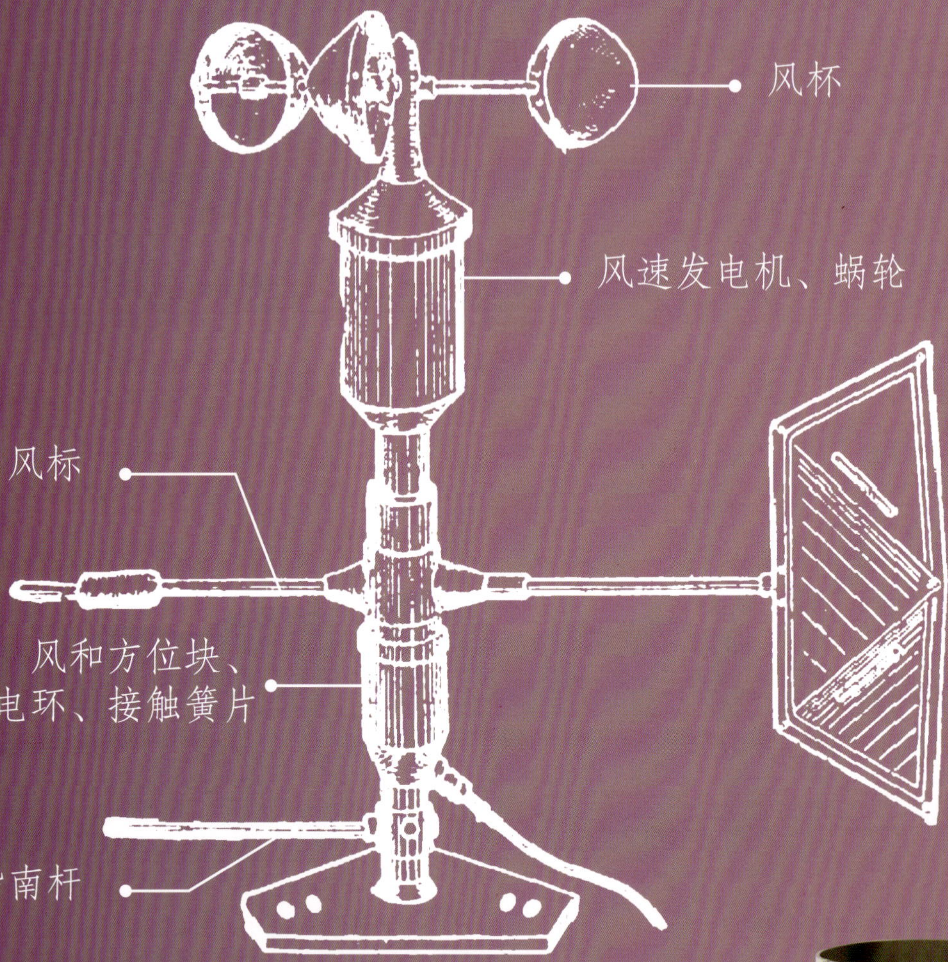

EL型电接风向风速计感应器示意图

EL型电接风向风速计记录器实物图

扫我，我会动起来哦！

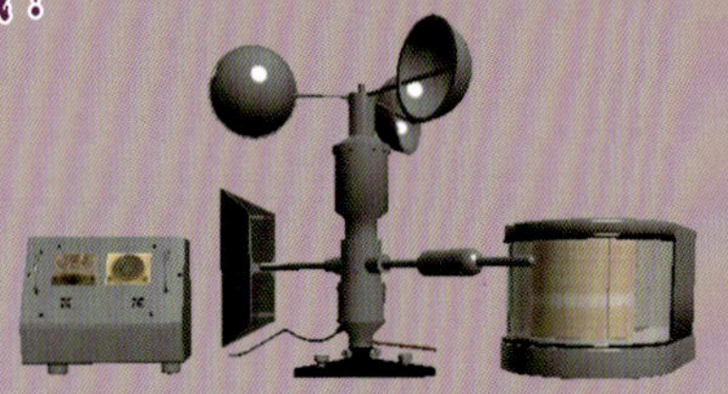

EL型电接风向风速计

我国第一台有线遥测风的仪器

我国自行研制的第一台有线遥测风向风速自动记录仪就是EL型电接风向风速计。该仪器由当时的中央气象局与上海气象仪器厂技术人员共同研制，从1966年开始投产并持续使用至2001年，期间为气象观测提供了大量准确可靠的数据。

EL型电接风向风速计的核心组成部分包括感应器、指示器和记录器。感应器负责采集风向和风速信息，其设计精巧，风向部分采用风标、风向方位块、导电环和接触簧片等部件，确保灵敏且稳定地捕捉风向变化；风速部分则由风杯、交流发电机和蜗轮等构成，有效地测量风速值。

· EL型电接风向风速计记录器实物图

指示器和记录器则负责将感应器采集到的风向风速信息转化为可观测和记录的数据。指示器上的瞬时风向和风速指示盘使观测人员能够直观地读取当前的风向和风速信息；而记录器则通过电磁铁、自记钟、自记笔等部件，实现自动记录风向风速数据的功能，大大提高了观测的效率和准确性。

在使用过程中，感应器通常安装在室外的风杆上，以获取最准确的风向风速信息；而指示器和记录器则放置在室内，便于观测人员读取和记录数据。三者通过电缆连接，确保数据的实时传输和处理。

此外，EL型电接风向风速计在设计和使用过程中还充分考虑了多种因素。例如，风向标的转动规律、启动风速以及风杯在转动过程中受到的摩擦力矩等都被仔细研究和优化，以确保仪器能够在各种环境下准确稳定地工作。

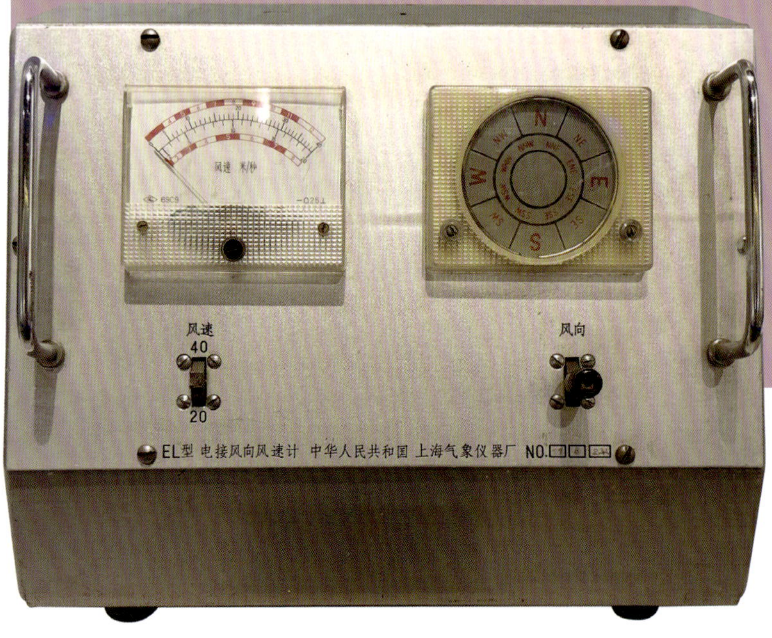

· EL型电接风向风速计指示器实物图

总的来说，EL型电接风向风速计以其稳定可靠的性能和便捷高效的设计，为我国的气象观测和研究事业做出了重要贡献。同时，它也展示了我国在气象仪器研发领域的实力和技术水平，为我国气象事业的持续发展奠定了坚实基础。

对于风向标的转动规律，我们可以这样理解：当风作用在风向标的尾翼时，产生的风压力矩推动风向标旋转。随着旋转速度的增大，风向标所受到的空气阻尼也相应增大。当风向转动至与实际风向一致时，其转动速度和加速度并不立即归零，风向标会由于惯性偏离到实际风向的另一侧，此时，风压力矩再次发挥作用，使风向标回归到与实际风向的一致的位置。经过多次振荡后，风向标最终会稳定在与实际风向一致的状态。

值得注意的是，风向标的转动需要特定的启动风速，即只有风速超过启动风速时，风向标才能转动。风向标的启动风速越小越好，通常为0.5米/秒，而优质的风向标启动风速可小于0.3米/秒。

此外，考虑到风杯转轴间的摩擦和转换器带来的阻力，这些因素在风杯转动过程中产生摩擦力矩。实际上，只有风压扭力矩大于摩擦力矩时，风杯才能启动。由于摩擦力矩随着风速增大而减小，因此，在小风速时，由摩擦力矩造成的误差会相对较大。

EN型测风数据处理仪

EN型测风数据处理仪与EL型电接风向风速计的感应器配套，用以取代EL型电接风向风速计的指示器和记录器，共同构成EN型自动测风仪。随着技术改进，后续形成了EN型测风数据处理仪的增强型（EN1型），与EN型的功能完全相同，同样适用于气象、环保、风力发电等多个领域。

EN型和EN1型测风数据处理仪能够定时打印输出2分钟、10分钟的平均风向风速；当风速到达预定值时，自动打印输出大风报警、航危报警的风向风速及时间，并发出报警信号；同时，它还能自动打印输出加密报及大风组报，每日20时自动打印输出日阵风极大、日10分钟滑动平均风速及相应的风向和发生时间，前24小时的日合计、日平均，风速及4个整点（02时、08时、14时、20时）2分钟日合计、日平均风速；此外，通过操作键盘，可及时查看当天、当月和前月的各项风要素值，并支持手动打印记录。

在使用EL型电接风向风速计时，EN型和EN1型测风数据处理仪实时打印输出或报警的观测数据都需要人工观测或分析整理才能得到。因此，测风数据处理仪的引入是风的观测由人工自记向自动化的一大飞跃。

· EN型测风数据处理仪实物图

扫我，我会动起来哦！

EN型测风数据处理仪

轻便风向风速表

在自动气象观测站尚未广泛应用前，为满足野外考察和重大活动保障的需要，常用小型、手持且轻便的风向风速表开展临时性的观测。常用的轻便风向风速表由风向部分（包括风向标、方位盘、制动小套）、风速部分（包括十字护架、风杯、风速表主机体）和手柄三部分组成。在人工观测时期，这种轻便仪器常用于气象站测风仪器出现故障时的备份。

使用该仪器时，观测人员应身处空旷之地，确保手持仪器高出头部且保持垂直，调整风速表刻度盘与当时风向平行后，将方位盘的制动小套向右转一角度，使方位盘按地磁子午线的方向稳定下来，注视风向标约2分钟，记录其摆动范围的中间位置；待风杯转动约半分钟后，按下风速按钮启动仪器，待指针自动停转后，读取风速示值（单位：米/秒），随后，根据仪器订正曲线，查出实际风速，保留1位小数。观测完毕，将方位盘制动小套向左转回原位，确保固定。

若观测时间相对较长，观测人员也可将轻便风向风速表固定在立柱或支架上进行观测。

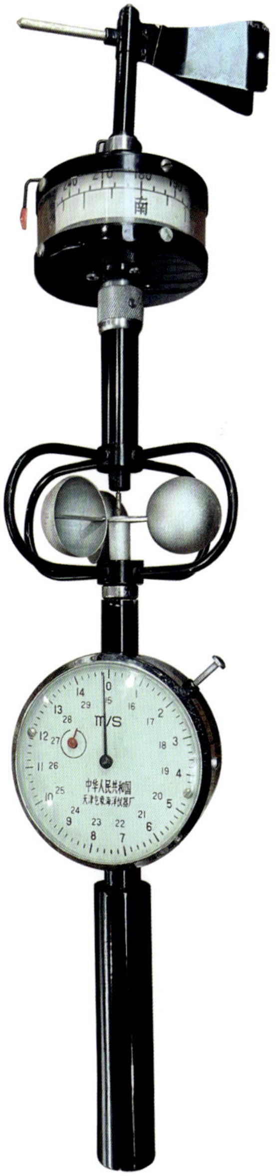

· 轻便风向风速表实物图

扫我，
我会动起来哦！

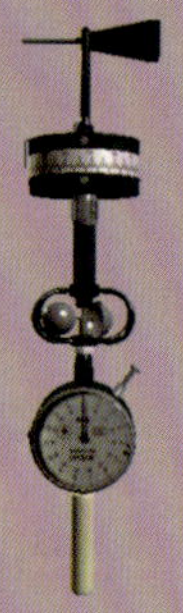
轻便风向风速表
（手持式风向风速仪）

轻便风向风速表

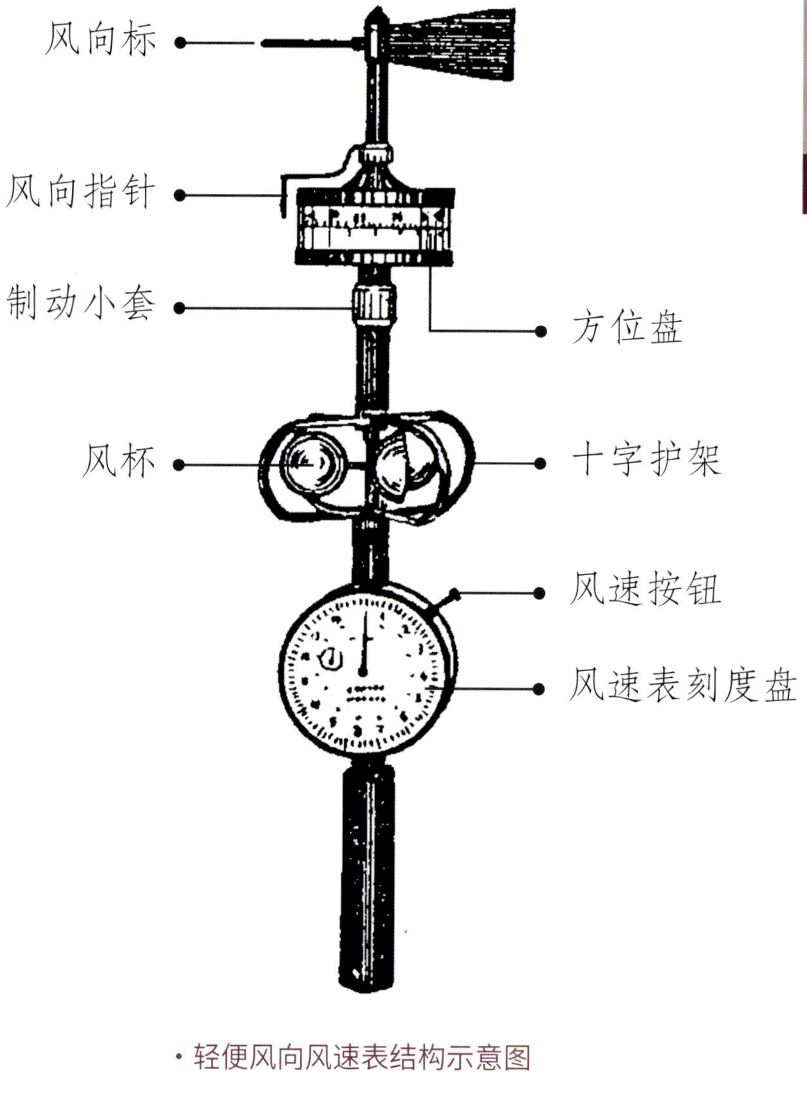

• 轻便风向风速表结构示意图

单翼风向传感器和风杯风速传感器

随着科技的日新月异，观测风的仪器也发生了变化。如今，自动观测风向和风速的仪器主要有单翼风向传感器、风杯风速传感器、螺旋桨式风速风向传感器等。

在自动化观测时代，值班人员仍要时刻保持警惕，经常检查风杯和风向标转动是否灵活、平稳。尤其在恶劣天气过程中，仪器是否正常运转尤为重要；发现异常时，必须及时更换备份传感器，确保观测数据的准确与连续。

单翼风向传感器和风杯风速传感器是目前气象观测站最常用的测风仪器。单翼风向传感器主要采用光电转换技术，即由格雷码盘来传送和指示风向标所在方位。它由风向标、格雷码盘、光电管组、外壳和信号线插座等部件组成。当风向标随风旋转时，与其同轴的格雷码盘也同步旋转，格雷码盘将风向标轴转动角度转换成二进制数字信号，从而实现风向的自动观测。

风向标一般由质量轻、强度高、刚性好、耐腐蚀的材料制成。为保证低温下仪器仍能稳定运转，部分风向传感器还增加了电子调节加热系统。

风杯风速传感器采用了经典的三杯式感应器设计，常用的有光电式风杯风速传感器和霍尔效应风杯风速传感器等。光电式风杯风速传感器运用光电技术，风杯转动带动同轴的多齿截光盘转动，再通过光电转换器进行光电转换，产生相应的脉冲信号，经换算后即可得到实际的风速。而霍尔效应风杯风速传感器则采用电磁感应技术，风杯转动带动同轴磁棒旋转，在霍尔集成电路中感应出与风速成正比的脉冲信号，经过一定处理后，便可准确测量出实际风速。

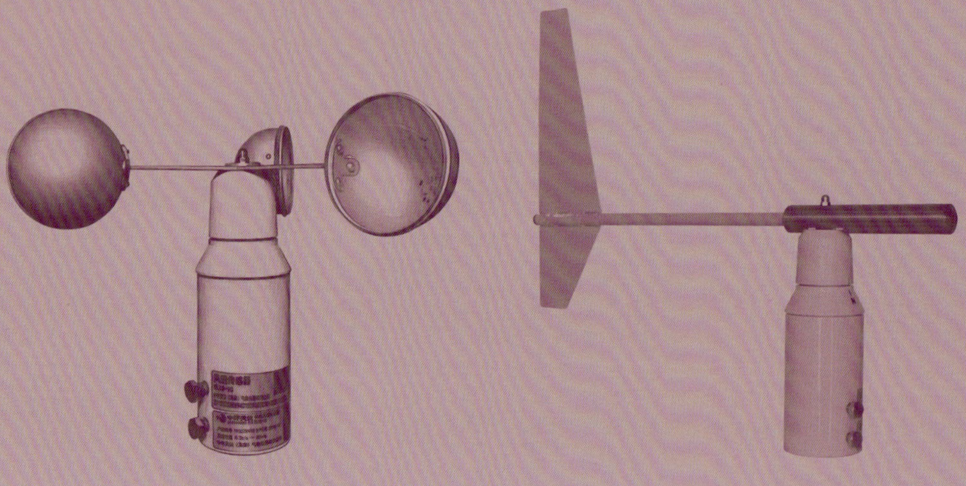

扫我，我会动起来哦！

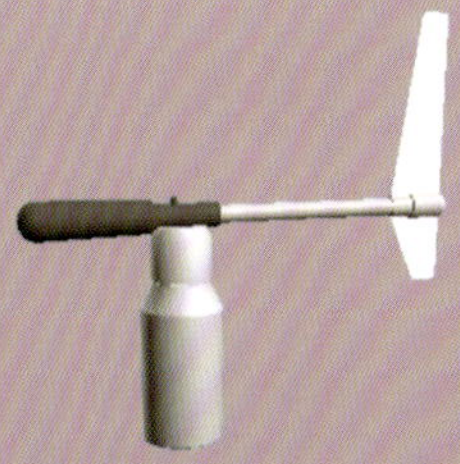

单翼风向传感器

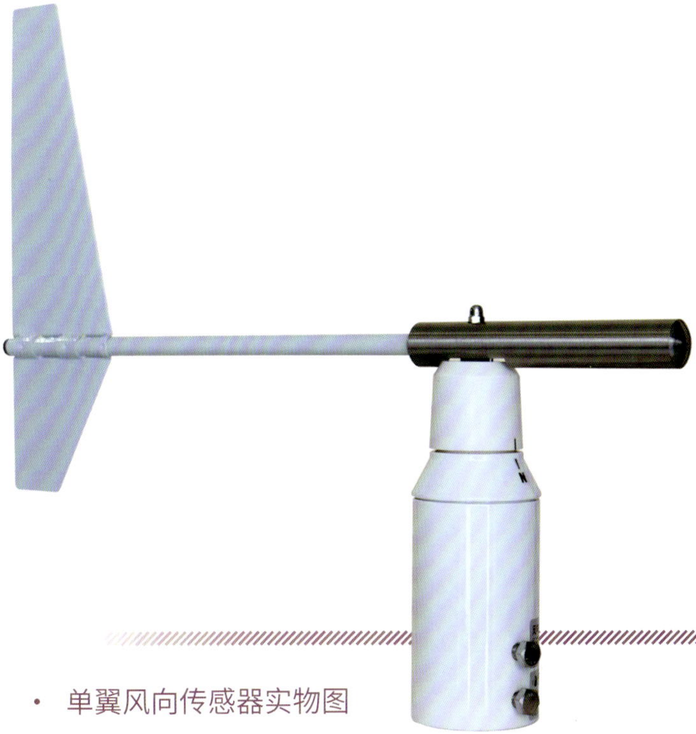

· 单翼风向传感器实物图

单翼风向传感器

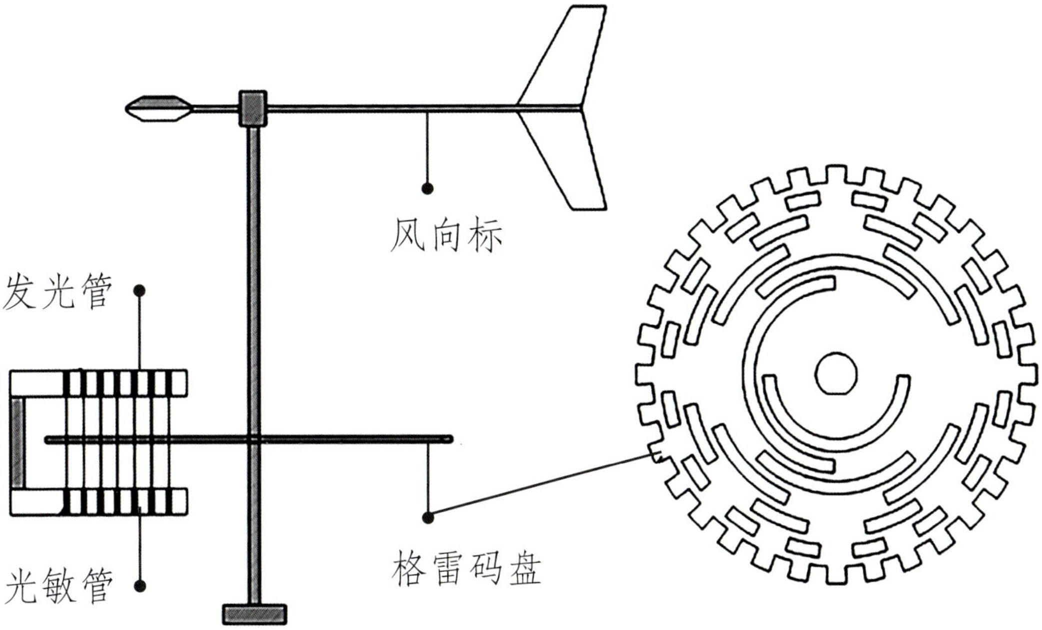

· 单翼风向传感器结构示意图

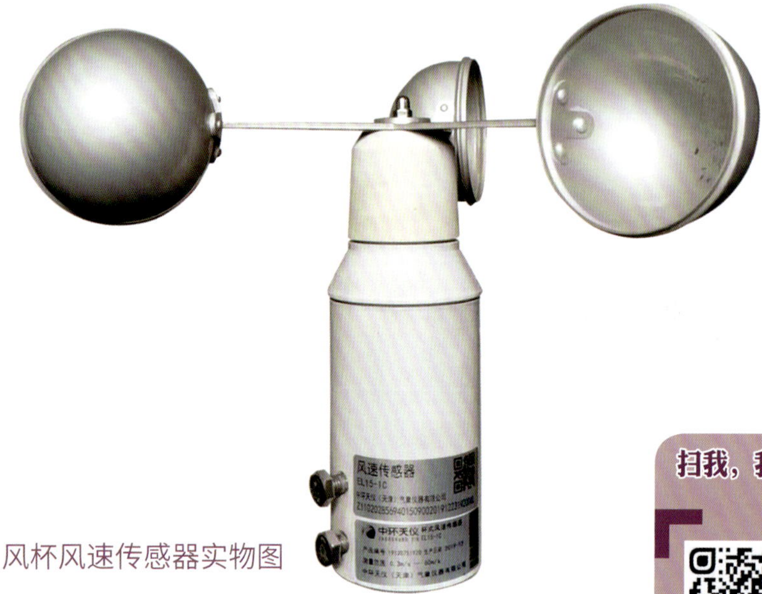

· 风杯风速传感器实物图

扫我，我会动起来哦！

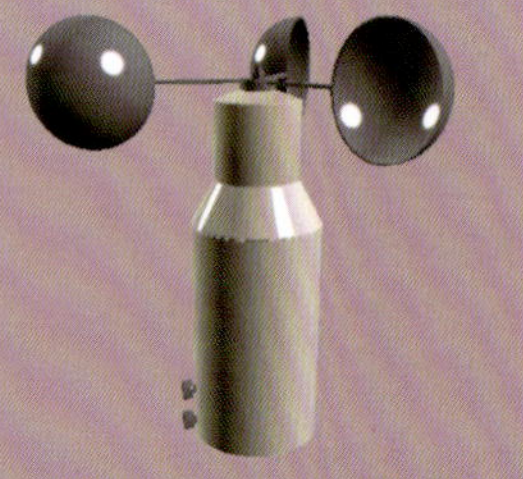

风杯风速传感器

风杯风速传感器

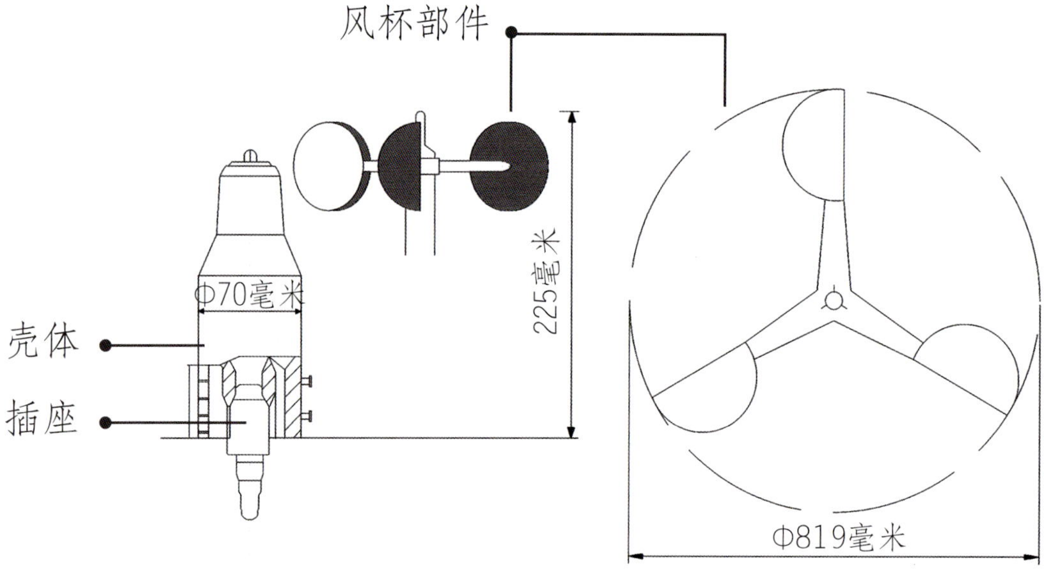

· 风杯风速传感器结构示意图

螺旋桨式风速风向传感器

螺旋桨式风速风向传感器是一款可自动观测风速和风向的传感器，由风向组件、风速组件、传感器壳体、安装杆、指北套件和信号变送器等部分组成。外形与飞机机身相似，具有良好的流线型，螺旋桨的材料通常采用改性聚丙烯材料，能够抗强阵风并具有较好的动态特性。

风速组件由螺旋桨、风速转轴、风速发电线圈等组成。我们都知道电扇是由电动机带动风扇叶片旋转，在叶片前后产生一个压力差，推动空气流动。螺旋桨式风速计的工作原理恰好相反，风吹过叶片使其旋转，它的转速与风速成正比。

风向组件由尾翼、风向转轴、风向电位器等组成。当尾翼随风向转动时，转轴带动电位器的调节指轮转动，电位器的调节比例与风向对应，从而得到风的来向。

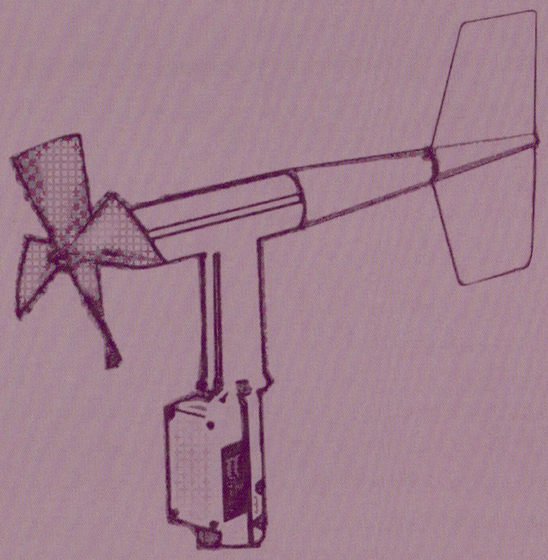

螺旋桨式风速风向传感器

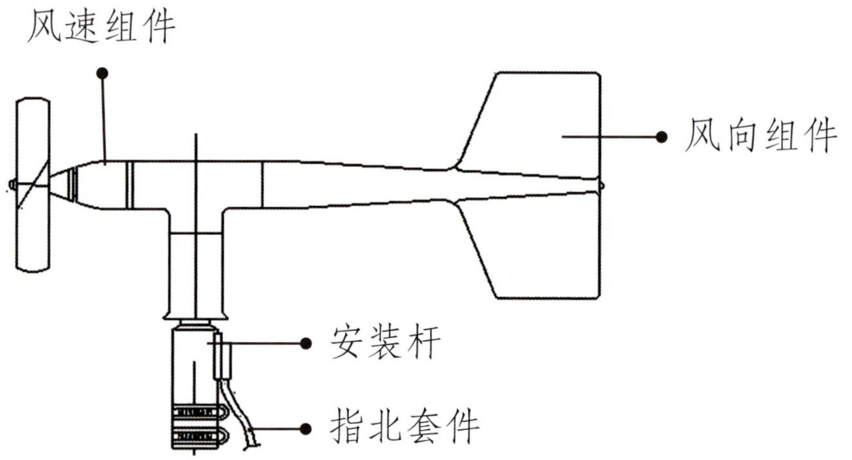

· 螺旋桨式风速风向传感器外观示意图

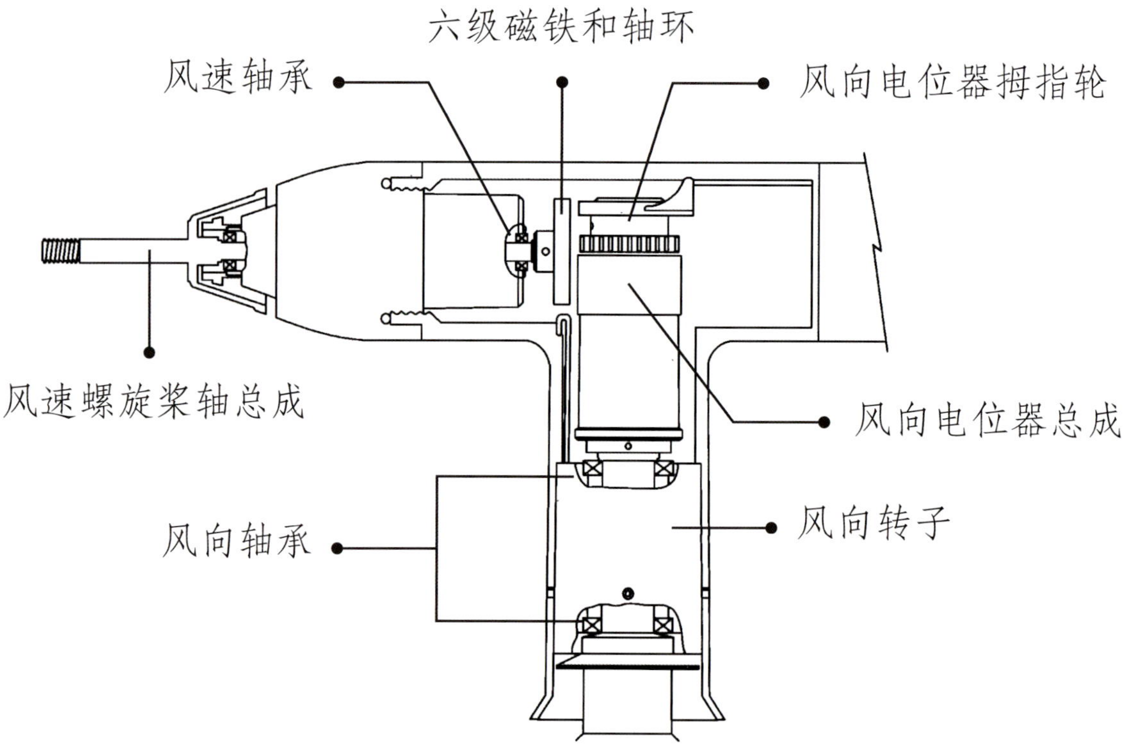

· 螺旋桨式风速风向传感器内部结构示意图

拓展知识

如何目测风向风速？

在缺乏测风仪器或仪器故障的情况下，地面风的观测也可以依靠观测人员的目测技能。风向的观测可通过观察飘烟、树叶、旗帜等轻质物体的飘动方向及人体的感觉来判断，按8个方位估计出风的来向。

在人工观测风速时，主要根据风对地面或海面物体影响所产生的各种现象，并参考风力等级表来估计风速。常用的风力等级表为蒲福风力等级。

目测风向风速时，观测人员应站在空旷处并尽量远离障碍物，多选几处物体，认真观测，以尽量减少估计误差。

在实际应用中，有一个目测风速的口诀：0级烟柱直冲天，1级吹烟随风偏，2级轻风吹脸面，3级微风红旗展，4级地上飞纸片，5级小树摇，6级撑伞难，7级迎风走不动，8级树枝断，9级以上很难见。

蒲福风力等级是谁发明的？

蒲福风力等级是英国人弗朗西斯·蒲福于1805年提出的，他根据风对地面物体或海面的影响程度而定出的风力等级。这是一种主观评估风速的方法。尽管当时罗伯特·胡克已经发明了风速计，但在蒲福所处的年代，风速计尚未得到广泛应用。

最初，蒲福风力等级按风力强弱，划为0～12共13个等级，即目前世界气象组织所建议的分级。随着测风技术的进步，实际度量到的风大大超出了12级，于是1946年就把风级扩展到17级，即共18个等级。

不过，值得注意的是世界气象组织航海气象服务手册采用的分级仍是0至12级，扩展的13至17级并非建议分级。

蒲福风力等级表最初只运用于海上观测，经改良后，现已广泛用于陆地风力的评估。

蒲福风力等级表

风力级数	名称	海面状况 海浪 一般(m)	海面状况 海浪 最高(m)	海岸船只征象	陆地地面征象	相当于空旷平地上标准高度10m处的风速 n mile/h	m/s	km/h
0	静稳	—	—	静	静，烟直上	小于 1	0.0 ~ 0.2	小于 1
1	软风	0.1	0.1	平常渔船略觉摇动	烟能表示风向，但风向标不能动	1 ~ 3	0.3 ~ 1.5	1 ~ 5
2	轻风	0.2	0.3	渔船张帆时，每小时可随风移行 2 ~ 3km	人面感觉有风，树叶微响，风向标能转动	4 ~ 6	1.6 ~ 3.3	6 ~ 11
3	微风	0.6	1.0	渔船渐觉颠簸，每小时可随风移行 5 ~ 6km	树叶及微枝摇动不息，旌旗展开	7 ~ 10	3.4 ~ 5.4	12 ~ 19
4	和风	1.0	1.5	渔船满帆时，可使船身倾向一侧	能吹起地面灰尘和纸张，树的小枝摇动	11 ~ 16	5.5 ~ 7.9	20 ~ 28
5	清劲风	2.0	2.5	渔船缩帆（即收去帆之一部）	有叶的小树摇摆，内陆点水面有小波	17 ~ 21	8.0 ~ 10.7	29 ~ 38
6	强风	3.0	4.0	渔船加倍缩帆，捕鱼须注意风险	大树枝摇动，电线呼呼有声，举伞困难	22 ~ 27	10.8 ~ 13.8	39 ~ 49
7	疾风	4.0	5.5	渔船停泊港中，在海者下锚	全树摇动，迎风步行感觉不便	28 ~ 33	13.9 ~ 17.1	50 ~ 61
8	大风	5.5	7.5	进港的渔船皆停留不出	微枝折毁，人行向前感觉阻力甚大	34 ~ 40	17.2 ~ 20.7	62 ~ 74
9	烈风	5.0	10.0	汽船航行困难	建筑物有小损（烟囱顶部及平屋摇动）	41 ~ 47	20.8 ~ 24.4	75 ~ 88
10	狂风	9.0	12.5	汽船航行颇危险	陆上少见，见时可使树木拔起或使建筑物损坏严重	48 ~ 55	24.5 ~ 28.4	89 ~ 102
11	暴风	11.5	16.0	汽船遇之极危险	陆上很少见，有则必有广泛损坏	56 ~ 63	28.5 ~ 32.6	103 ~ 117
12	飓风	14.0	—	海浪滔天	陆上绝少见，摧毁力极大	64 ~ 71	32.7 ~ 36.9	118 ~ 133
13	—	—	—	—	—	71 ~ 80	37.0 ~ 41.4	134 ~ 149
14	—	—	—	—	—	81 ~ 89	41.5 ~ 46.1	150 ~ 166
15	—	—	—	—	—	90 ~ 99	46.2 ~ 50.9	167 ~ 183
16	—	—	—	—	—	100 ~ 108	51.0 ~ 56.0	184 ~ 201
17	—	—	—	—	—	109 ~ 118	56.1 ~ 61.2	202 ~ 220

降水观测

降水与人类生产生活息息相关，云中的水分以液态水或固态水的形式降落到地面，成为陆地上水分的主要来源，同时地表的水分又以蒸发（蒸腾）的形式进入大气，这种水分循环对人们正常生活以及国民经济等都产生了很大影响。开展降水观测，了解降水的变化规律，对气象防灾减灾、天气预报、气候分析和科学研究具有重要意义。

降水量直接影响着农作物的生长情况。降水量充足时，农作物就有足够的水分生长，从而提高产量；降水量较少时，容易出现干旱，就需要进行人工灌溉以满足农作物生长需要；降水量不均衡还会造成土壤缺水和营养缺乏等问题。强降水容易诱发山洪、地质滑坡及城市内涝等灾害，造成人民生命及财产的重大损失。另外，降水也会增加鱼类的产卵量，从而影响海洋渔业。

由于云内及云层到地面间气层的温度、气流分布等存在差异，因此降水会以冻雨、降雪、冰雹等不同形态落到地面，从而影响生产生活。冻雨、降雪会导致道路凝冻和湿滑，极大地增加了道路交通事故的风险；雨雪天气也对铁路和航空交通造成一定程度的干扰，部分列车、航班会因为安全考量而延误或取消；农畜设施、简易搭建物等会因积雪而产生压垮风险；冰雹会使生长期的果蔬受到损坏，严重影响其成熟后的品质。

降水观测的前世今生

关于降水量度，人类经历了漫长的探索过程。最初，降水多少并没有统一的标准，有时指降水时间持续的长短，如《左传·隐公九年》中的“凡雨，自三日以往为霖”；有时指受雨面积，如秦朝律法中的“所利顷数”。先秦时期，确定了以平地积雪的厚度来度量降雪量的测量方法，如“平地尺为大雪”。到了东汉时期，便有了雨、雪在内的降水测量工具。《后汉书·礼仪志（中）》记载：“自立春，至立夏，尽立秋，郡国上雨泽。”意为在整个农作物的生长期，各地都需要向中央上报当地的降水情况。发展到宋代，“今州郡都有天池盆，以测雨水”，便是南宋秦九韶所著《数书九章》中记载的“天池测雨”法。天池盆上刻着度量的尺寸，用盆中的水来衡量雨量，虽然天池盆并不是专用测雨工具，但也被认为是世界上最早出现的雨量器。由于器皿的形状与容量不同，雨量测量结果不具有对比性，所以衍生的解决办法是“未可以所测，便为平地得雨之数”，即利用计算求得降水量。明朝时期，雨量器的标准化程度得到了提升，后期更是发展出更加规范的铜制雨量器，而欧洲在近两百年后才出现类似的雨量器。清朝时期，雨量器已接近现代，上面刻有标尺，这种改进的雨量器被广泛分发至地方各州县，至今朝鲜国家历史文献馆中还保存着清制的雨量器。

现在，雨量器、翻斗式雨量计、虹吸式雨量计和称重式雨量计等成为气象观测业务中普遍采用的降水观测仪器，自动观测已完全取代人工观测，实现液态和固态降水量高时空密度观测，有效监测降水的时空变化及其可能造成的灾害风险。

降水观测仪器

降水观测主要包括观测降水量和降水强度。降水量是指某一时段内未经蒸发、渗透、流失的降水在水平面上积聚的深度，单位是毫米（mm），取1位小数。降水强度是指单位时间内的累计降水量，通常测定5分钟、10分钟和1小时内的累计降水量。当降水为液态时，降水量与降水强度也常被称为降雨量与降雨强度。

气象上通常利用翻斗、虹吸、称重或光学等方法测量降水量、降水强度、降水时数，以及降水粒子的形状、大小、速度及其谱分布等，主要使用雨量器、翻斗式雨量计、虹吸式雨量计、称重式降水传感器和光学式雨滴谱仪等观测仪器。

降水观测对仪器的安装位置、风和地形等都非常敏感。最贴近场地周围的风场可引起降水量的增多或减少，四周障碍物也会影响降水量，特别要避免降水经障碍物流至测量仪器中。测量降雪的地点应尽量选在避风的地方，最好是在树林或果园中的空旷地带，或在树丛或灌木丛间的空旷地区，或有其他物体能对各个方向来风起到屏障效果的地方。

雨量器长什么样?

雨量器是人工观测最简单又实用的仪器，包括雨量筒和雨量杯两部分。雨量筒用来承接降水物，它包括承水器、贮水瓶和外筒。我国采用直径为20厘米正圆形承水器，其口缘镶有内直外斜刀刃形的铜圈，以防雨滴溅失和筒口变形。承水器有两种：一种是带漏斗的承雨器，另一种是不带漏斗的承雪器。外筒内放贮水瓶，以收集降水。雨量杯为一特制、有刻度的专用量杯，其口径和刻度与雨量筒口径成一定比例，量杯有100分度，每1分度等于雨量筒内水深0.1毫米。

· 雨量器实物图

扫我，
我会动起来哦！

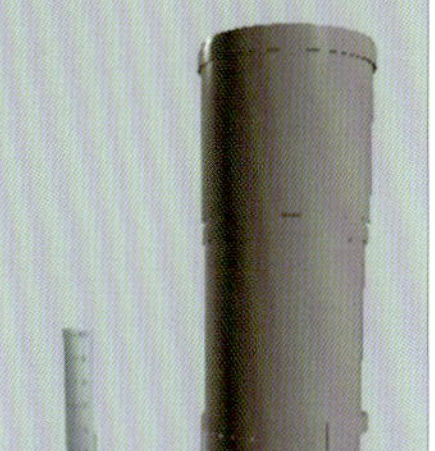

雨量器

气象观测站的雨量器安装在观测场内固定架子上，距地面高70厘米。观测人员每天08时、20时分别量取前12小时降水量，读取数据并记入相应栏内。冬季降雪时，观测人员需要将承雨器取下，换上承雪器，取走贮水瓶，直接用承雪口和外筒接收降水。观测降雪时，观测人员要将盛有固体降水的外筒用备份的外筒换下，盖上筒盖后，取回室内，待固体降水融化后，用雨量杯量取；也可将固体降水连同外筒用专用的台秤称量，称量后应把外筒的重量（或毫米数）扣除。

· 贮水瓶实物图 · 雨量杯实物图

雨量器和雨量杯

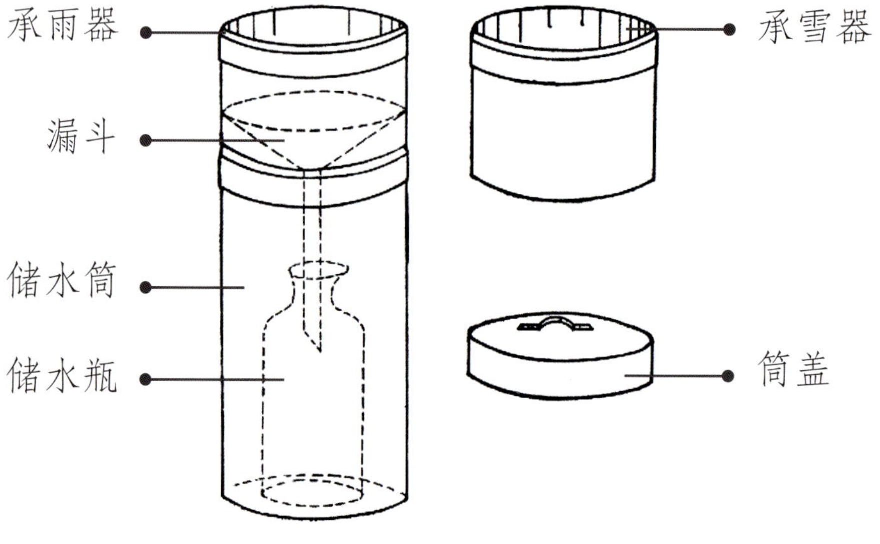

· 雨量器结构示意图

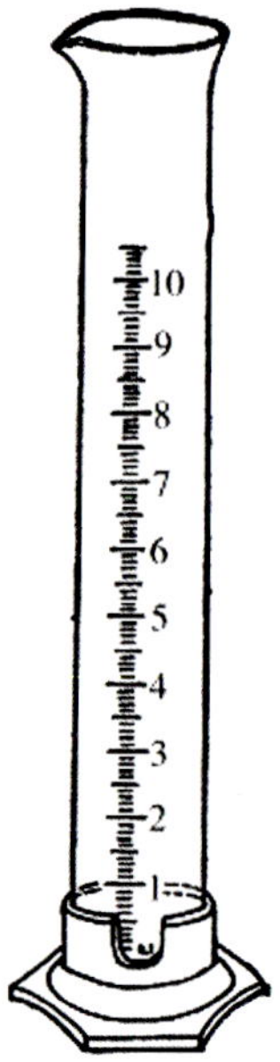

· 雨量杯结构示意图

双翻斗雨量计和虹吸式雨量计

双翻斗雨量计和虹吸式雨量计均是降水观测中能够自动记录不同时刻降水量的自记仪器，但两者的原理与构造有所不同。改良后的翻斗雨量计感应器也在自动气象观测站中被广泛使用。

双翻斗雨量计是利用重力作用和翻斗设置对液体降水量和降水强度进行连续测量及记录的仪器，由感应器和记录器组成。双翻斗雨量感应器装在室外，主要由承水器（常用口径为20厘米）、上翻斗、汇集漏斗、计量翻斗、计数翻斗和干簧管等组成；记录器在室内。二者用导线连接，用来遥测并连续采集降水量。

记录器接上电源，装上自记纸后，感应器与记录器相连，降水后计量翻斗与计数翻斗倾于同侧，开始记录。承水器收集的降水通过漏斗进入上翻斗，当雨水累积到一定量时，水本身的重力作用使上翻斗翻转，水进入汇集漏斗。降水从汇集漏斗的节流管注入计量翻斗时，会把不同强度的自然降水调节为比较均匀的降水强度，以减少由于降水强度不同所造成的测量误差。当计量翻斗承受的降水量为0.1毫米时（也有0.5毫米或1毫米的计量翻斗），计量翻斗把降水倾倒至计数翻斗中，使计数翻斗翻转一次。计数翻斗在翻转时，与它相关的磁钢对干簧管扫描一次，干簧管因磁化而瞬间闭合一次。这样，降水量每达到0.1毫米时，就送出一个开关信号，记录器就自动采集存储0.1毫米降水量的数据。观测人员可从记录器的计数器上读取降水量。

双翻斗雨量计

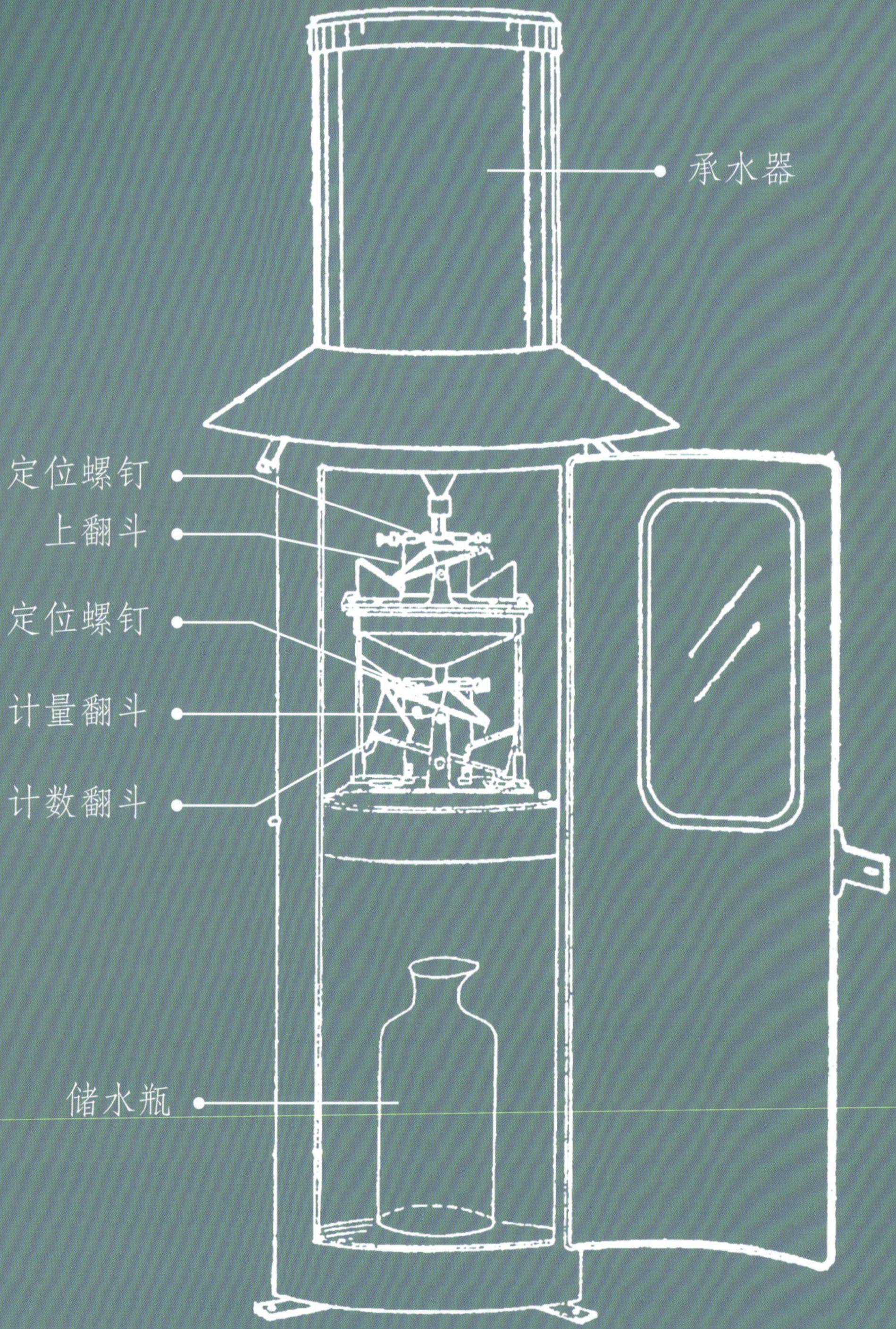

· 双翻斗雨量计结构示意图

扫我，我会动起来哦！

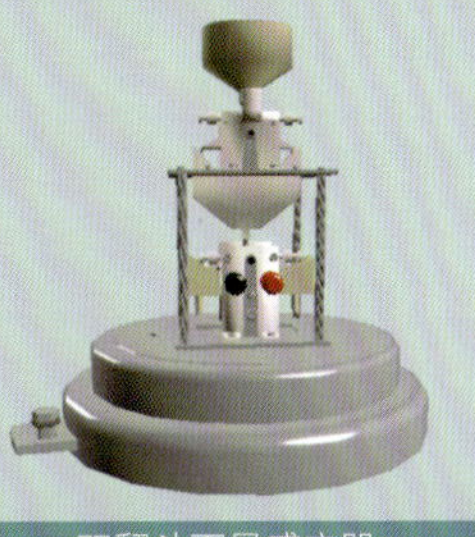

双翻斗雨量感应器

· 双翻斗雨量感应器实物图

双翻斗雨量记录器

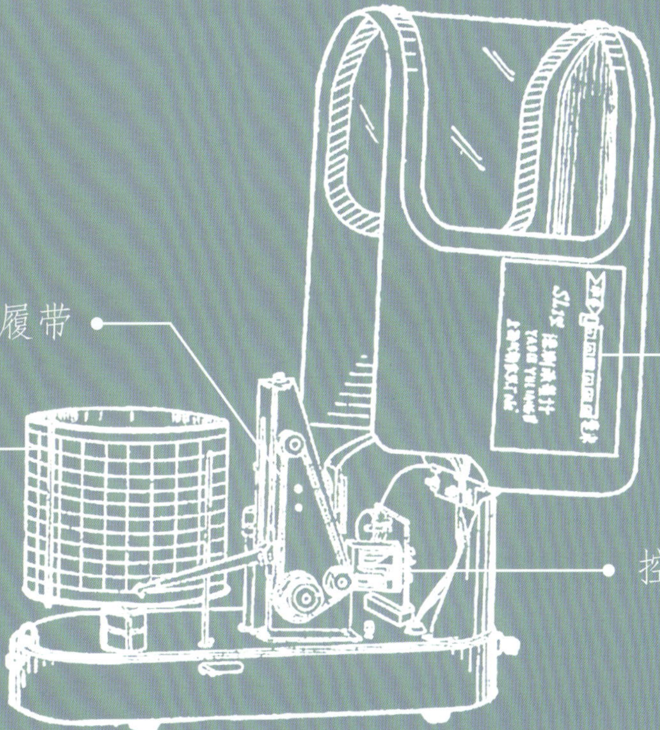

· 双翻斗雨量记录器结构示意图

虹吸式雨量计由承水器（通常口径为20厘米）、浮子室、自记钟和虹吸管等组成。

出现降水时，降水从承水器经漏斗进水管引入浮子室。浮子室是一个圆形容器，内装浮子，浮子上固定有一直杆并与自记笔连接，浮子室外连虹吸管。降水使浮子上升，带动自记笔在钟筒自记纸上划出记录曲线。当自记笔尖升到自记纸刻度的上端（一般为10毫米）时，浮子室内的水恰好上升到虹吸管顶端。虹吸管开始迅速排水，使自记笔尖回到刻度“0”线，又重新开始记录。自记曲线的坡度可以表示降水强度。由于虹吸过程中落入雨量计的降水也随之一起排出，因此要求虹吸排水时间尽量快，以减少测量误差。

· 虹吸式雨量计整体和局部实物图

虹吸式雨量计

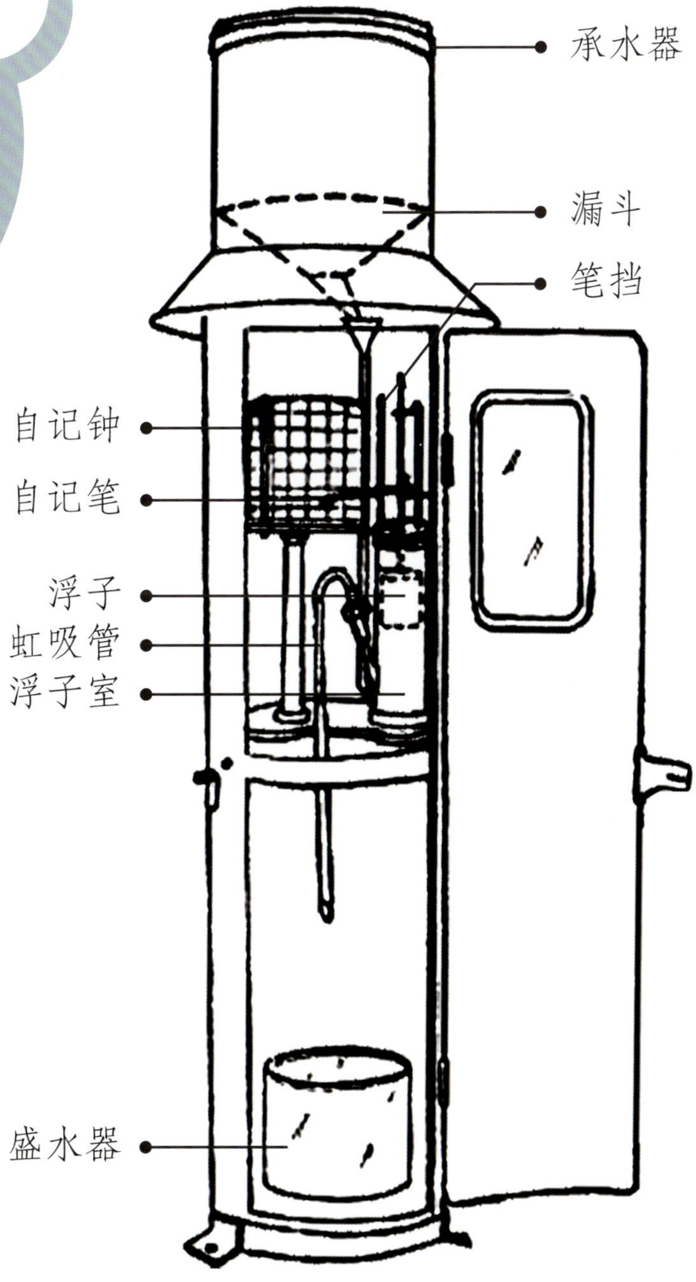

· 虹吸式雨量计结构示意图

扫我，
我会动起来哦！

虹吸式雨量计

称重式降水传感器

在自动气象观测业务启动后的相当长一段时间内，我国气象部门对固态降水都以人工观测为主，存在时效性差、时空密度不足等诸多弊端，不能全面、连续反映降雪过程的变化情况。

称重式降水传感器的出现实现了固态、液态和混合性降水的自动化观测，使观测结果客观化、观测资料连续化，减少了观测人员的工作量。相较于双翻斗式雨量计和虹吸式雨量计，只有称重式降水传感器适用于全天候降水的测量。

称重式降水传感器的测量原理是通过对质量变化的快速响应测量降水量。载荷元件对重量变化快速响应，把降水引起的重量变化转变为电信号，信号变换电路将载荷元件测得的电信号进行转换，再通过温度修正处理得到重量数据；称重单元通过温度补偿、数字滤波等技术达到全量程范围内的降水准确测量；处理单元对称重单元的信号进行采样，并对采样值进行数据运算处理，计算出分钟降水量和累计降水量，实现质量控制、记录存储、数据通信和传输等功能。

称重式降水传感器主要由承水口、外壳、内筒、载荷元件及处理单元、底座组件和防风圈等部件组成。承水口形状为内径200毫米的正圆，内筒用于收集降水、盛装防冻液和抑制蒸发油。

· 称重式降水传感器实物图

扫我，
我会动起来哦！

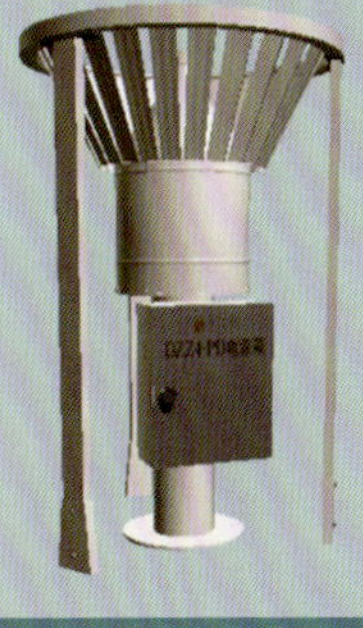

称重式降水传感器

称重式降水传感器

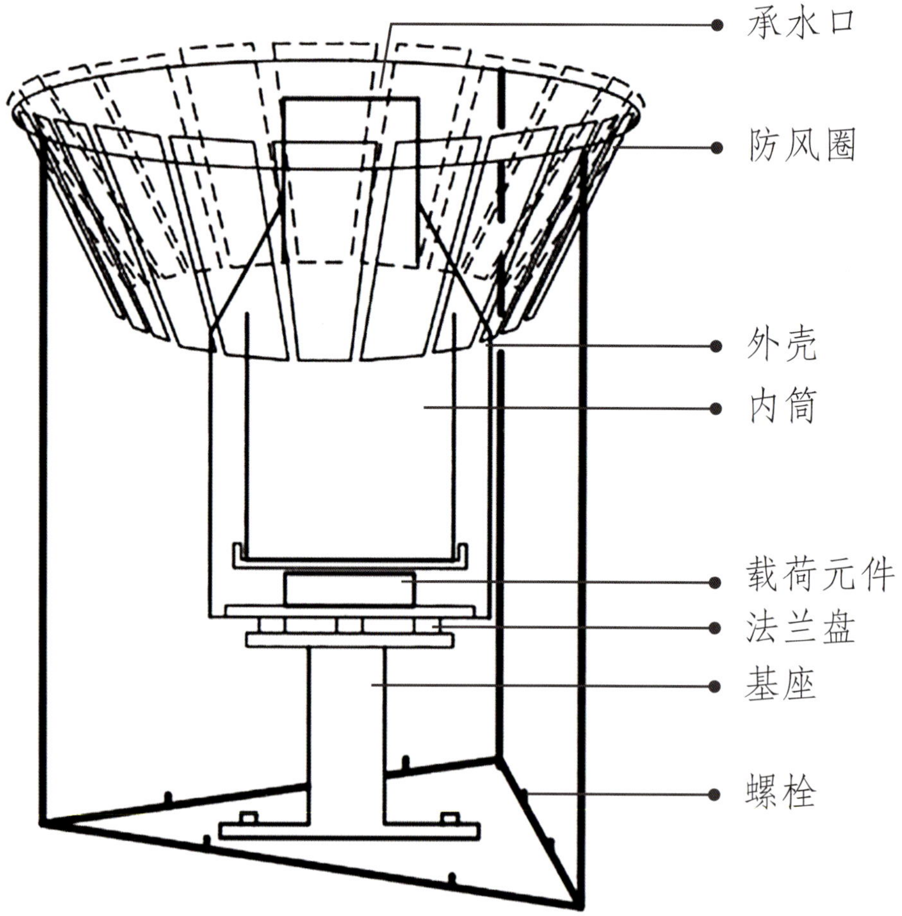

· 称重式降水传感器结构示意图

拓展知识

1毫米的降雨相当于地面有多少水呢？

在制作天气预报和统计气象资料时，常用到“降水量”一词。那么，1毫米降水落到地面上到底相当于在田地里降了多少千克的水呢？通常情况下，气象学上所指的1毫米水量是指单位面积上水深1毫米。因此，当降下1毫米的雨，相当于1亩地（1亩≈ 666.7平方米）被浇下了0.667立方米的水，即667千克的水。知道了这个关系，我们就可以评估每次降水后，一定面积的农田里获得了多少水。例如，2021年7月，河南郑州遭遇了一场强降水，其中7月20日16时至17时的小时降水量为201.9毫米，以郑州全市总面积7446平方千米进行计算，与西湖库容量（约为1448万立方米）进行比较，相当于1小时内从天上倒下104个西湖。

降水强度的等级如何划分？

气象学上按降水量的多少将降水分为微量降雨（零星小雨）、小雨、中雨、大雨、暴雨、大暴雨和特大暴雨7个等级，以及微量降雪（零星小雪）、小雪、中雪、大雪和暴雪、大暴雪、特大暴雪7个等级，其划分标准见下表。

降水强度划分标准

划分标准	雨		雪	
	等级	mm/d	等级	mm/d
降水强度等级	微量降雨（零星小雨）	< 0.1	微量降雪（零星小雪）	< 0.1
	小雨	0.1 ~ 9.9	小雪	0.1 ~ 2.4
	中雨	10.0 ~ 24.9	中雪	2.5 ~ 4.9
	大雨	25.0 ~ 49.9	大雪	5.0 ~ 9.9
	暴雨	50.0 ~ 99.9	暴雪	10.0 ~ 19.9
	大暴雨	100.0 ~ 249.9	大暴雪	20.0 ~ 29.9
	特大暴雨	≥ 250.0	特大暴雪	≥ 30.0

›››　日照观测

日照是指与天空背景漫射光的日盘亮度相关、或易于由人眼观测、并在受照射物背面出现阴影等有关的现象。

日照时数是衡量日照多少的一个重要指标，但某地的日照时数总是会受降水、云、大气颗粒物或周围遮蔽物影响，因此，要得到某地实际日照时数，必须通过气象仪器观测得到。

大气中有太阳直接辐射，也有散射辐射等，要用仪器测量日照时数，就需要定出日照阈值。世界气象组织建议将太阳直接辐射120瓦/米^2（W/m^2）定为日照阈值。因此日照时数被定义为在一定时段内太阳直接辐照度达到或超过120瓦/米^{2}的时间总和，以小时为单位，取1位小数。

随着太阳高度角的变化，每天的日照时间会随着四季变化而有长有短，这个理论上的日照时间称为可照时数，即在无任何遮蔽条件下（不受天气、遮蔽物影响），太阳中心从某地东方地平线出现到进入西方地平线，其光线直接照射到地面所经过的时间。某地的可照时数可由公式推算出来，也可查阅天文年历。气象上与日照时数有关的还有另一个概念：日照百分率，是指日照时数占可照时数的百分率，即日照百分率=（日照时数/可照时数）×100%，记录取整数。

观测日照时数并深入开展其分布规律和变化趋势研究，不仅对认识该地区气候背景和气候变化有重要作用，还对农业生产合理布局、建筑规划与设计、清洁能源开发、旅游资源开发乃至社会经济可持续发展等都具有重要现实意义。

日照观测仪器的历史沿革

想要客观定量地测量日照时数，首先要研制专用仪器。1838年，英国科学家托马斯·布朗·乔丹借助氯化银的光敏效应设计出世界上第一台基于烧痕法的暗筒式日照计（又称“乔唐式日照计”）。但整个仪器结构复杂，需要经过旋转等系列操作才能观测。因此，人们对该仪器进行一系列改进，一是将烧痕法改为感光法，二是无需运动部件即可完成操作，极大地简化了操作流程。

1853年，苏格兰科学家乔丹·弗兰克斯·坎贝尔发明了聚焦式日照计，他巧妙地使用一个充满水的玻璃球充当球透镜，将太阳光聚焦后在涂漆碗壁的漆层上产生烧灼，再利用这些灼痕来测量日照时长。1859年，英国剑桥物理学家和数学家斯托克斯对其进行了改造升级，这种充水球体被改进为实心玻璃球，同样利用玻璃球的聚焦原理来测定实际的日照时数。后来，人们称这种仪器为“坎贝尔-斯托克斯日照计”或“聚焦式日照计”。1880年，这种日照计就被引入到各地气象观测站中，至今它仍被世界上很多气象观测站使用。

由于暗筒式日照计和聚焦式日照计在测量精度上存在局限，难以满足世界气象组织对日照阈值定义的要求。20世纪80年代以来，随着科学技术的飞速发展，多种新型自动化电子式日照计相继问世，如维萨拉公司的双金属片日照计、Kipp&Zonen公司的CSD系列日照计等，都成为了现代气象观测中的重要工具。

新中国成立后，我国开始研制生产日照计。其中，上海理工科学仪器厂在1950年率先开始暗筒式日照计的制造；1970年，根据中央气象局要求，上海气象仪器厂对暗筒式日照计进行了工艺和材料的改进，显著提高了仪器的性能和品质。进入21世纪，为进一步满足日照时数高精度自动化观测需求，我国气象设备生产厂家也积极创新，研发出众多新型自动化电子日照计，为我国气象观测事业注入新的活力。

日照时数测量仪器

在我国气象观测站中，用于日照观测的仪器种类丰富，包含暗筒式日照计、聚焦式日照计、光电式数字日照计和太阳直射辐射表等。自动测量系统则通过对直接辐射大于或等于120瓦/平方米的时间累加，从而精确计算每小时和每天的日照时数。此外通过直接辐射表和太阳跟踪装置测得的日照时数，可作为日照时数的标准值，为气象观测提供可靠依据。

扫我，
我会动起来哦！

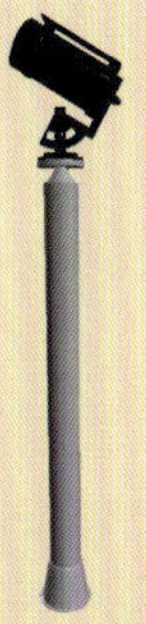

暗筒式日照计

暗筒式日照计

在人工观测时期，我国绝大多数气象观测站使用的是暗筒式日照计，只有少数高纬度气象台站使用聚焦式日照计。虽然暗筒式日照计并未得到世界气象组织推荐使用，但是因其操作方便，性价比高，在我国已广泛使用多年。

暗筒式日照计是一个黑色圆柱筒状仪器，太阳光通过仪器上的小孔射入筒内，在涂有感光剂的日照纸上留下感光迹线，由此来计算日照时数。它由金属圆筒、隔光板、纬度盘和支架底座等构成。金属圆筒为圆柱形，底端密封，筒口带盖，两侧各有一进光小孔，筒内附有压纸夹用于固定日照纸，筒上部有一块隔光板，下部有固定螺钉，松开后筒可绕支架轴旋转，支架下部有纬度刻度盘和指示纬度的刻度线。

· 暗筒式日照计实物图

在晴朗无云状况下，任何时刻阳光都会通过进光孔射入暗筒。此时由于隔光板的特殊设计，使得上、下午的感光迹线在真太阳时12时被分隔开，即上午的感光迹线正好在12时结束，而下午的感光迹线正好在12时开始记录。因此，感光迹线应呈现出上、下午等长且对称的形态，即上、下午时间线相互对应。然而，需要注意的是高纬度地区由于太阳高度角较低，阳光照射点可能超出日照纸，导致该仪器不适合在高纬度地区使用。

暗筒式日照计

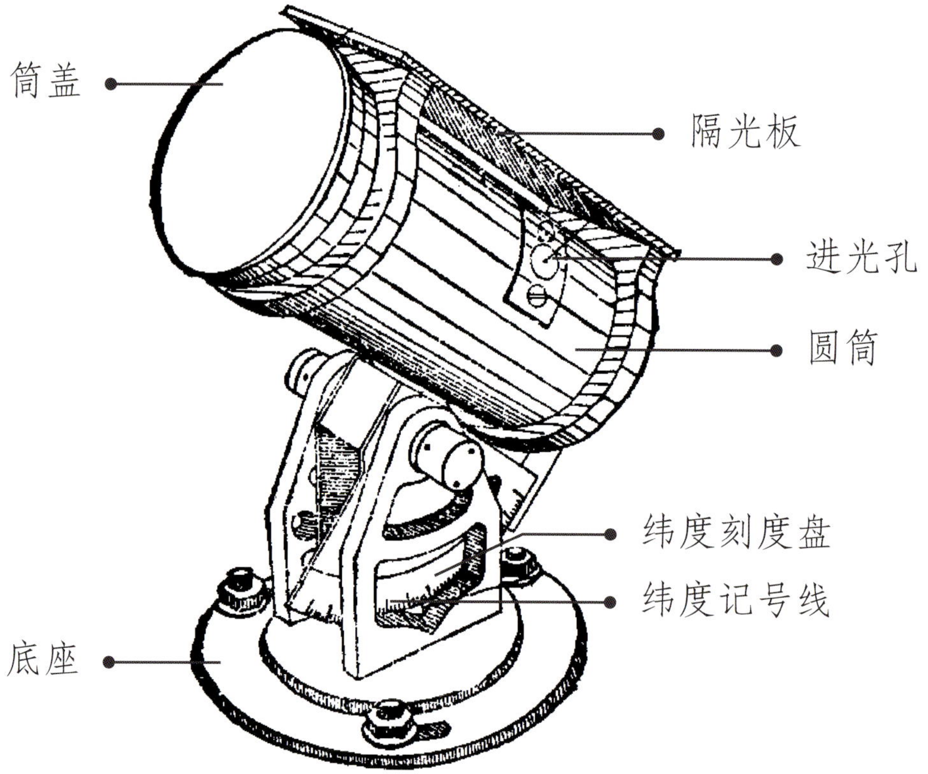

· 暗筒式日照计结构示意图

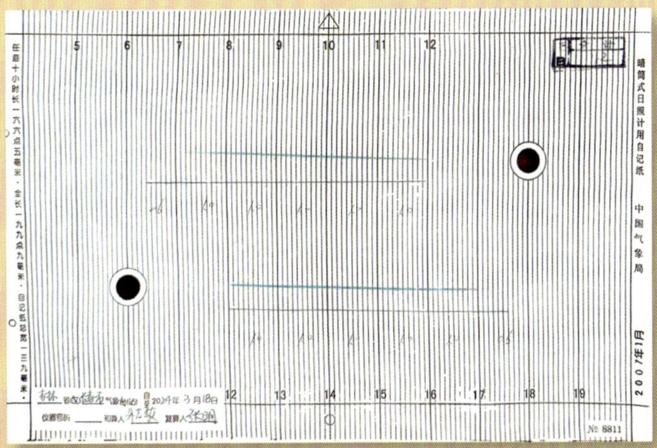

· 暗筒式日照计日照纸

日照计的安装位置极为关键，必须选择一处开阔且终年从日出到日落都有阳光照射的地方，同时确保日出日落方位遮挡物仰角不超过5°。一旦仪器安装正确，当春分、秋分时阳光直射赤道，感光迹线会呈一条通过筒身横切面的直线。夏半年（春分至秋分期间）阳光直射北半球，感光迹线就会位于水平线下方且相对较长。相反，冬半年（秋分至次年春分期间）阳光直射南半球，感光迹线则会位于水平线之上且相对较短。通常，造成日照迹线出现偏差的原因主要可能是暗筒式日照计的方位、纬度、水平安装不正确。

日照纸是一种涂抹药品后可感光，浸泡后可显示全天日照时数的特殊纸张。涂抹的药品为赤血盐和枸橼酸铁铵（又名柠檬酸铁铵）。它所用药品质量的好坏及涂药方法是否得当，是造成该仪器测量误差的主要原因，因此要严格按照规程操作。只要操作规范，暗筒式日照计资料的误差一般在5%以内。

聚焦式日照计

扫我，
我会动起来哦！

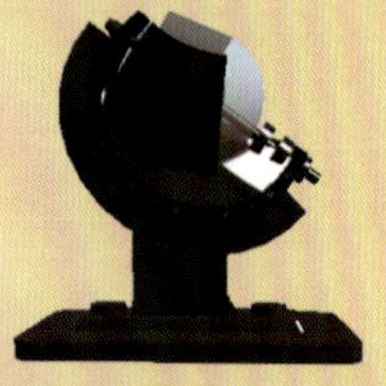

聚焦式日照计

聚焦式日照计主要由固定在弧型支架两端的实心玻璃球、金属槽（安装自记纸用）、纬度刻度尺和底座等部分构成。它利用太阳经玻璃球聚焦后烧灼日照纸（卡片）留下的焦痕，来记录日照时数。

金属槽内有上、中、下三道沟，每道沟都有其特定用途：下面一道，插夏季（4月16日—8月31日）用的长弧形纸片；中间一道，插春、秋季（3月1日—4月15日，9月1日—10月15日）用的直形纸片；上面一道，插冬季（10月16日—次年2月底）用的短弧形纸片。放纸时，12时的时间线应与槽内中心线对齐，以保证记录的准确性。

· 聚焦式日照计实物图

聚焦式日照计

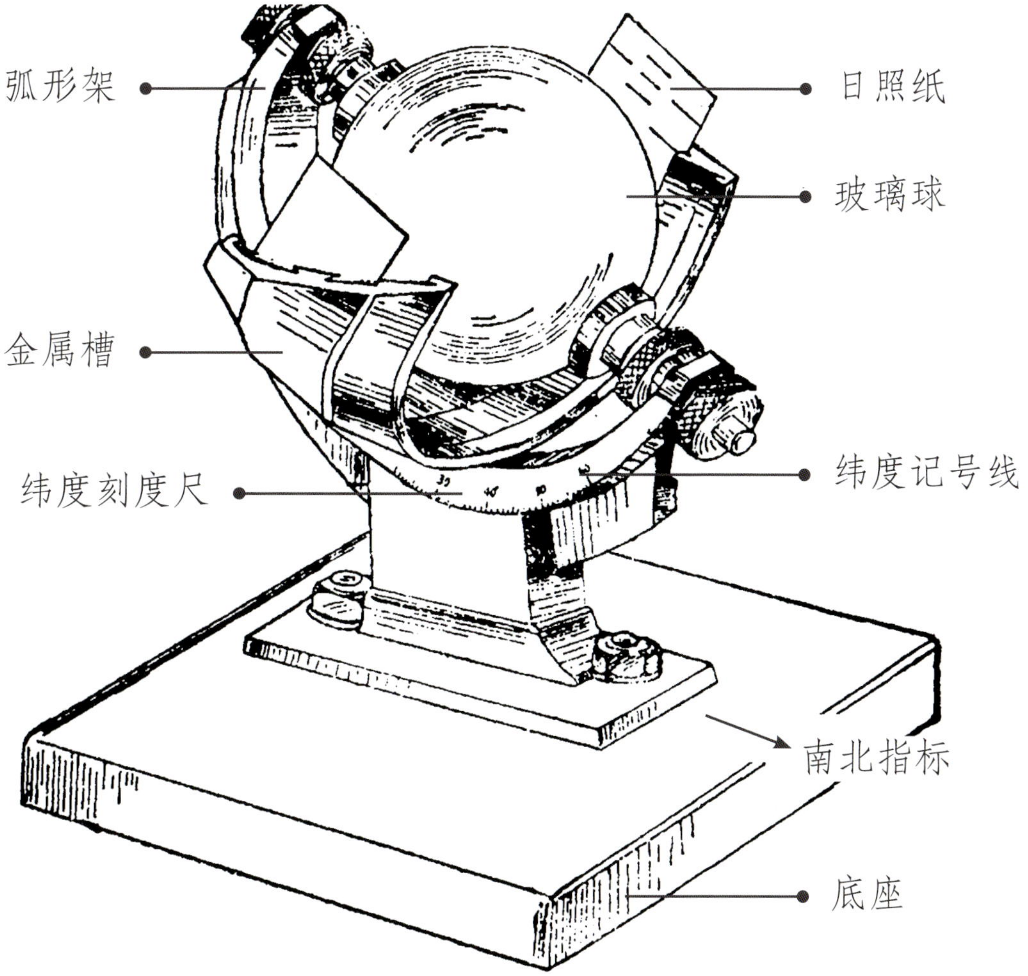

· 聚焦式日照计结构示意图

在地方时正午时，我们观测太阳的成像点，这是测试日照计调整准确的关键。如果仪器调整正确，那么成像点应落在球形截断面或卡片的正午标记上。

日落后换纸，应仔细检查纸型与季节是否匹配，确保纸片没有插错槽位。取换下旧纸后，根据纸上的焦痕来记录日照情况，不论烧灼程度如何，只要看得出是焦痕即可。值得注意的是，夏季的太阳往往使焦痕烧得偏长，这部分应该减去，然后计算逐时和全日日照时数。

聚焦式日照计的记录结果受日照纸的好坏与天气条件影响甚大。在晴天或多云天气时，日照纸的焦痕往往比实际日照时数偏多；而在阴雨天时，由于日照纸受潮使焦痕显不出来，造成记录偏少。此外，在实际观测中也经常发现由于夜间或早晨雨、露、霜等使日照纸受潮，聚焦式日照计记录结果比暗筒式日照计记录结果偏少的现象。因此，在使用聚焦式日照计时，需特别注意日照纸的状态和天气条件对记录结果的影响。

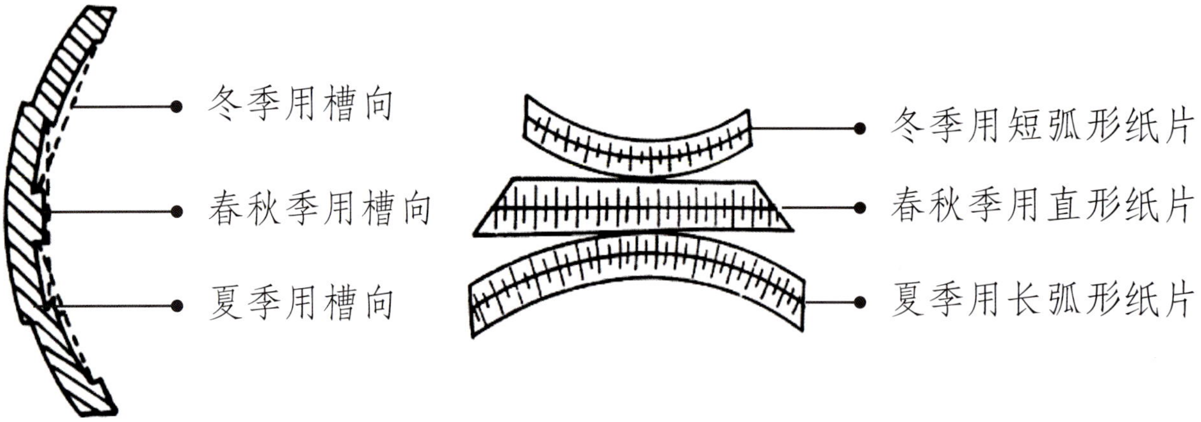

· 聚焦式日照计金属槽（左）和日照纸（右）示意图

光电式数字日照计

光电式数字日照计具有自动观测日照的功能，能够精确记录分钟日照时数、小时累计日照时数和日累计日照时数。它由光电式传感器、数据处理单元、供电单元、通信单元、安装附件等组成。其中，光电传感器为核心部件，其外观为一个玻璃圆筒，内部包括光学镜筒、光电探测器、遮光筒、信号处理电路和防霜露加热器等组件。该设备通过光学镜筒中的3个同轴光电感应器对总辐射和散射辐射进行自动连续观测，根据计算出的直接辐照度判断有无日照发生。

光电式数字日照计

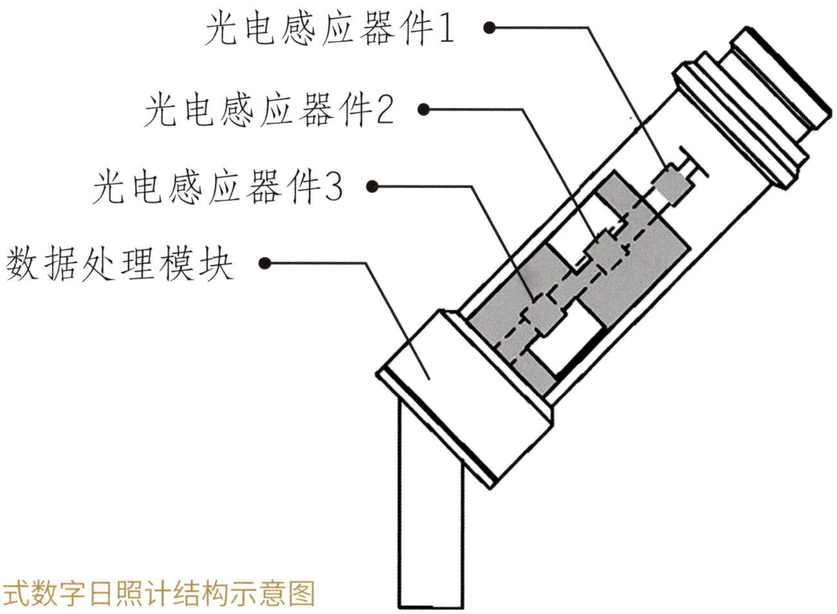

· 光电式数字日照计结构示意图

测量原理如下图所示，3个带有圆柱形漫射器的光电管D_1、D_2、D_3分别安置在同一轴线上，并通过遮光罩及其入射窗W_1、W_2对入射到D_2、D_3上的辐射进行约束。

光电管D_1在360°的环形范围内接收总辐射。D_2和D_3接收环形范围内不同方向上的辐射，而太阳直接辐射只能照射到D_2、D_3中的一只，其中较小的输出值即为散射辐射。直接辐射为总辐射和散射辐射的差值，若直接辐照度大于或等于120瓦/平方米则算作有日照，把时间累计，得到每小时和每天的日照时数。

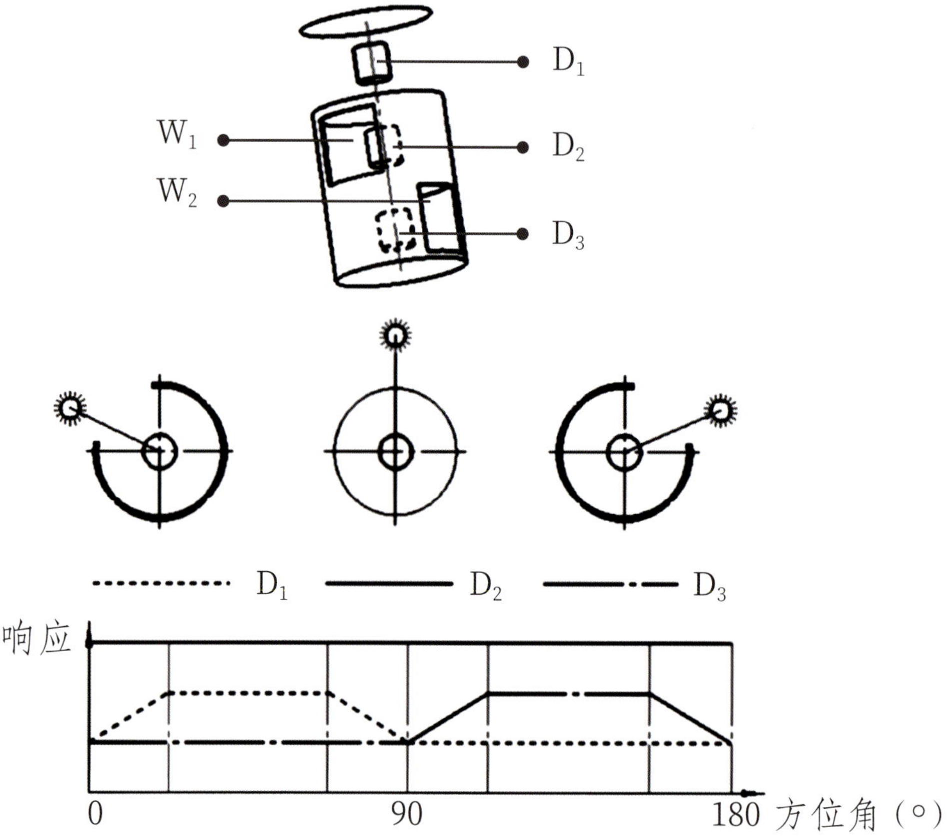

· 光电式数字日照计测量原理图

小故事

一张被大风刮跑的日照纸

在天池乃至吉林地区的气象工作者心中，1981 年 1 月 21 日是一个永远铭记的日子。那一天，时任吉林省天池气象站副站长的隋金堂，在带领全站人员寻找一份被大风刮走的日照纸时，为抢救滑下深谷的两名同志而殉职。1 月 26 日，吉林省安图县授予隋金堂同志“优秀共产党员”称号，随后，吉林省人民政府将其追认为烈士，并在长白山顶树碑纪念。

对公众而言，或许很难想象，一张看似平凡的日照纸到底承载着什么，值得让人付出生命。然而对于气象人来说，这并非一张普通的纸，而是精确记录了当日真太阳时的宝贵资料，每一张都独一无二，无法复制。气象预报服务的精准性，正是建立在全国数千个气象站点连续不断、精准观测的数据之上。

回溯至 1958 年，最早一批气象工作者在长白山之巅建立了气象观测站。正如老站长武立志的回忆，那是一条从无到有的山路，是气象人一步步踏出来的。建站初期，条件极其艰苦，气象工作者只能自背干粮，肩扛设备，徒步开辟山路，只为在云端之上架起观测天气的“天眼”。

退休的王国祥首次踏足天池气象站是在 1980 年 11 月 11 日。他先乘一个半小时的汽车到长白山山门，再换上拖拉机在雪地里继续开两个多小时，最后还要在齐腰深的大雪中步行一个半小时，才能最终抵达这片被冰雪覆盖的神秘之地。回忆起那段旅程，他心中满是感慨与敬畏，踏在前辈们留下的足迹上，体会着那份对气象事业的执着与热爱。

此前，天池气象站需全年值守，每天观测 8 次，发报 6 次，1 分钟也不能耽搁。即便大雪封门、狂风肆虐，观测员们仍坚持从房上挖洞或依靠绳索匍匐前进，确保观测数据不缺失。这些数据，如同他们的生命般珍贵，被紧紧守护。1989 年后，在完成 30 年完整气候数据积累后，天池气象站由常年值守改为季节值守，每年 6 月至 9 月进行人工观测值班，一直延续至今。

随着时代的进步，天池气象站的观测设备也经过多次更新换代，地面观测的常规仪器设备陆续更新成适应高山环境的专业气象设备，目前已基本实现自动化观测。

地温观测

在气象学领域，地温是指地表面及其以下不同深度土壤温度的统称。地面表层土壤的温度称为地面温度，地面以下土壤中的温度称为地中温度。地中温度又分为浅层地温和深层地温，浅层地温包含离地面5厘米、10厘米、15厘米、20厘米深度的温度，深层地温包含离地面40厘米、80厘米、160厘米、320厘米深度的温度。

白天，大地接收到太阳热量后，地面温度逐渐升高；而太阳落山后，近地面的气温逐渐降低，地表温度也随之下降。地温随日出日落表现出明显的日变化；随着四季更迭，地温也呈现显著的年际变化。这些变化一般随着深度的增加而减小；地温最高、最低值的出现时间，随深度增加而有所延迟。地温的高低对植物的种子发芽及其生长发育、微生物的繁殖活动都有很大影响。此外，地温资料对农、林、牧业的区域规划也有重大意义；同时，高原冻土带修建铁路、地下矿产和地热资源开采等都需要参考多年的地温资料。

从根本上讲，地球气候系统的能量源于太阳辐射。大部分太阳辐射穿透大气层到达地面，被植被、土壤和岩石吸收，进而引发地面温度的上升。地面温度因所处地点和环境的差异而有所不同。例如，夏季暴晒时，柏油路面等地面温度会快速上升，特别是午后，其温度远大于百叶箱内测量的空气温度。地面温度过高可能会引发汽车爆胎、路面崩开等安全隐患，低于0℃导致的道路结冰也会带来安全风险。因此，地面温度的观测对预防和避免这些危险十分重要。

草面温度是指气象观测场内浅草草坪活动面上的温度。在农业生产方面，草面温度的高低对庄稼长势影响显著；在秋冬季节，密切留意草面温度的变化，可及时为庄稼采取保暖措施，有助于农业生产的顺利进行。

另外，通过观测近地表的浅层地温，可以了解地下不同深处的热储、构造分布状况，实现对地下热源的勘查。浅层地温能是指在地球浅表层数百米内的土壤砂石和地下水中所蕴藏的地温热能，广泛存在于浅表地层的恒温带中。浅层地温能作为绿色新能源，近年来在越来越多的地区得到开发与利用。

深层地温是表征土壤热量特性的重要指标之一，也是土壤表面吸收太阳辐射后变为土壤热能并传送到较深层的表述，其变化比气温更显保守性和滞后性。有研究表明，地温变化与古气候变化存在一定联系，地温异常可能与地震有关，而除了自然变化外，人类活动对地下热环境也有一定影响。但深层地温在短时间内的变化幅度相对较小，因此需要长期监测，来进一步探究地温与其他自然现象的关系。因此，对地下热环境的研究不仅具有深远的基础理论意义，还具有广泛的实用价值。

地温观测的前世今生

地温的观测相较于气温而言，起步较晚。1915年，我国开始开展24小时观测，并将地温纳入了观测项目中。但当时的地温观测并不完善，直到1952年，大连海洋气象台（现大连国家基准气候站）迁址时，地温观测仍局限于浅层地温。

地温测量的原理与气温基本相同，主要差别在于传感器所处的位置和环境。20世纪50年代至90年代，地温观测仪器也像气温观测仪器一样，采用玻璃液体温度表。随着技术进步，铂电阻元件在地温测量方面展现出自动化、高精度的优势，为后续的地温自动化观测奠定了基础。

随着技术日益成熟，21世纪初，浅层地温传感器应用于观测工作中，随后在全国逐步实现了地温的自动化观测。目前，铂电阻地温传感器已成为地温观测的主流设备，尽管观测深度不同，设备结构有所调整，但原理基本相同。

地温观测的仪器

在观测中，设备安装、维护的便捷性十分重要。不同深度所用的温度表或传感器相差无几，但配套装置还是有所不同。为保持与人工观测方法的一致性，深层地温的自动观测装置沿用了人工观测时的外套管。

⋙ 地面温度表和浅层地温表（曲管地温表）

地面温度表（又称“0厘米温度表”）、地面最高和最低温度表的构造及原理，与测定空气温度用的温度表相同。在观测场中，这三支温度表应水平安放在南北向中轴线偏西一侧，按0厘米、最低、最高温度表的顺序自北向南平行排列。感应部分向东，且确保它们位于南北向的直线上，表间相隔约5厘米；感应部分及表身，一半埋入土中，一半露出地面。埋入土中的部分需与土壤紧密贴合，不留空隙；而露出地面的部分则要保持干净。

· 地面温度表、地面最低温度表、地面最高温度表（由上至下）实物图

扫我，我会动起来哦！

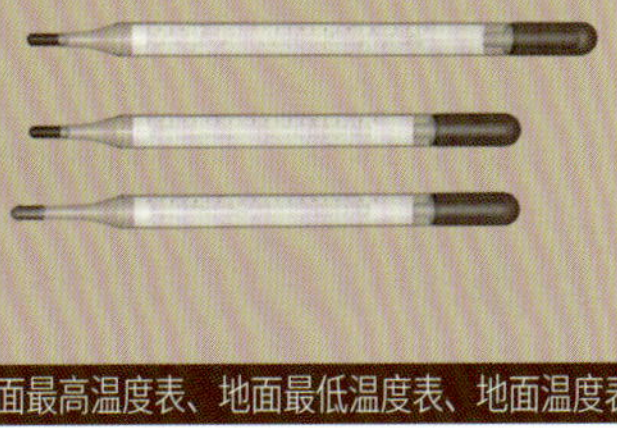

地面最高温度表、地面最低温度表、地面温度表

扫我，
我会动起来哦！

浅层地温表
(曲管地温表)

· 浅层地温表(水银柱状) 实物图

浅层地温表

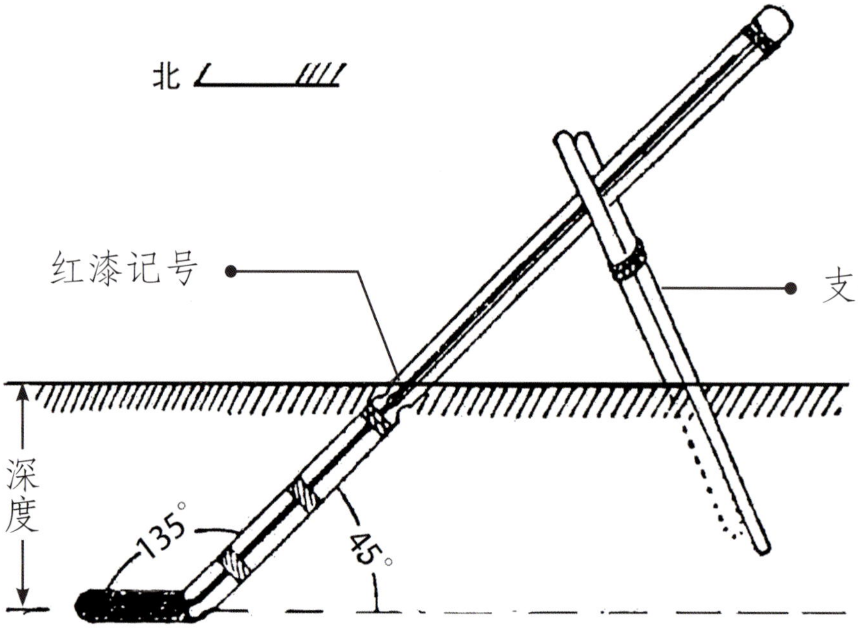

· 浅层地温表安装示意图

浅层地温表用于观测浅层地温，分为5厘米、10厘米、15厘米和20厘米曲管地温表，结构及原理同地面温度表相似，只是表身下部有所延长，且长度不一，感应部分上端弯折，与表身成135°夹角，玻璃套管下部（自球部至温标起点）用石棉灰填充，再辅以棉花填塞，并用火漆做成若干分隔板，防止玻璃套管内的空气对流。为便于地温表的正确安装和日后检查深度变化，安装前需用米尺和量角器量准地温表埋置的深度，并在表身相应处标注红漆记号，确保安装后的土面与记号平齐。

地温的观测时间有严格规定，0厘米、5厘米、10厘米、15厘米和20厘米地温表需每日02时（夜间守班站）、08时、14时、20时观测；而地面最高、最低温度表则每日20时观测一次，并随即调整。观测时，应站在踏板上，俯视读数，避免地温表被取离地面。

地面温度表和浅层地温表被水淹时，仍可照常观测，其中地面3支温度表应水平取出水面，迅速读数。若被雪覆盖，应在降雪或吹雪停止后，小心取出，水平放置在未被破坏的雪面上，感应部分和表身埋入雪中一半。即使读数时感应部分又被雪覆盖，仍可照常读数。

深层地温表（直管地温表）

深层地温表，也称直管地温表，专门用于观测深层地温，涵盖40厘米、80厘米、160厘米、320厘米四个深度。这些地温表被装在带有铜底帽的管形保护框内，铜底帽内围绕温度表球部填充大量铜屑，目的是赋予温度表必要的滞后性，以便在从套管中抽出温度表进行读数的短时间内，示度能够保持稳定。保护框中部有一长孔，使温度表刻度部位得以显露，便于观测读数。

观测深层地温的地段应是有自然覆盖物（草皮或浅草层）的地方。对于40厘米地温表，每日需02时、08时、14时、20时观测；而80厘米、160厘米和320厘米的地温日变化小，仅需每日14时观测一次。观测时，应按由浅至深的顺序，在台架上把直管地温表迅速取出读数；读数完成后，应将表轻轻插回套管，盖好顶盖。

· 深层地温表实物图

扫我，
我会动起来哦！

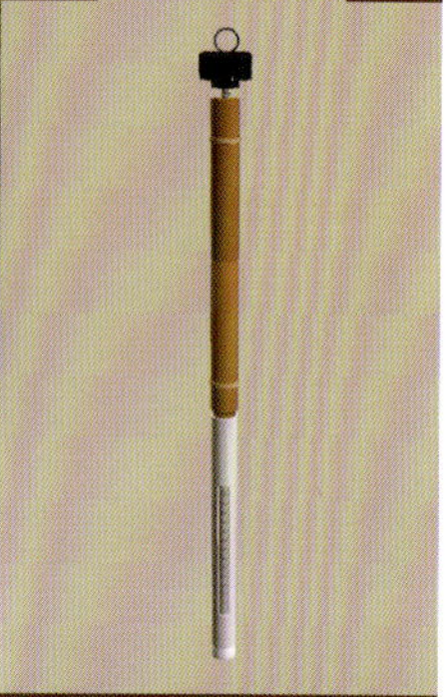

深层地温表
（直管地温表）

深层地温表

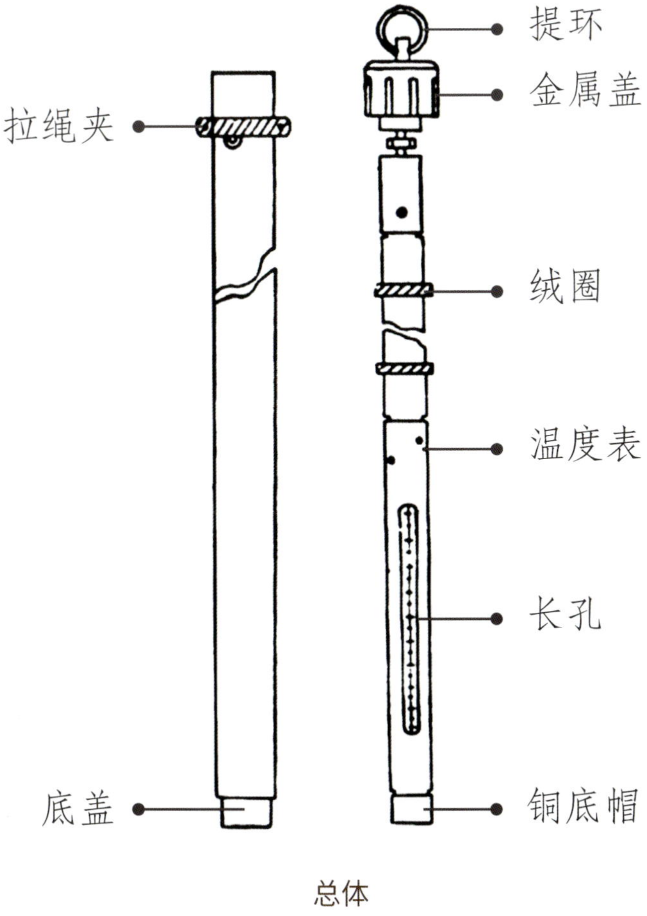

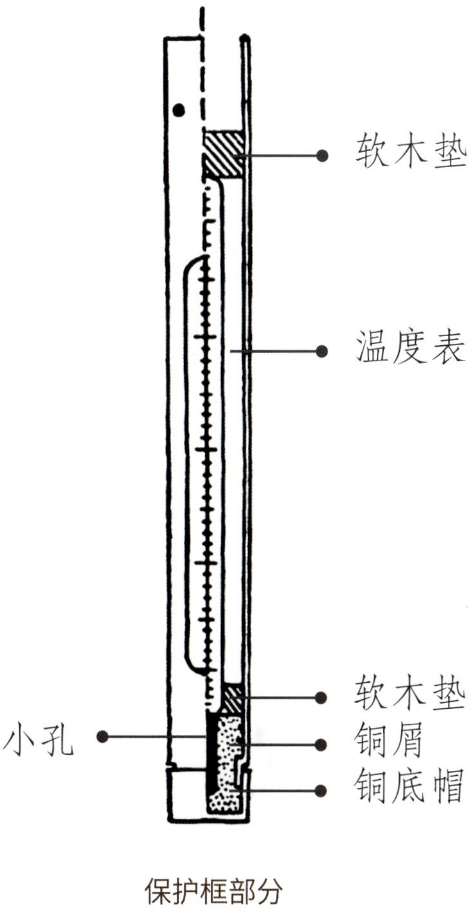

· 深层地温表结构示意图

铂电阻地温传感器

铂电阻地温传感器原理与铂电阻气温传感器类似，采用恒流源法将随温度变化的电阻值转换为电压信号，再代入公式计算得出环境温度。这种测量方法既简单又准确，并且可以消除引线电阻的影响。整个地温采集系统由10个铂电阻传感器构成，分别是1支地面温度传感器、1支草温传感器（冬季测雪温）、4支浅层地温传感器（5厘米、10厘米、15厘米、20厘米）和4支深层地温传感器（40厘米、80厘米、160厘米、320厘米）。

地温采集器负责定时采集10支地温传感器的数据，数据经处理后传输给主采集器。主采集器负责将采集到的地温数据进一步传输给串口服务器，最终串口服务器将采集的数据传输给自动气象观测站的工作计算机。整个过程中，各环节紧密配合，确保数据实时、准确和连续。

扫我，
我会动起来哦！

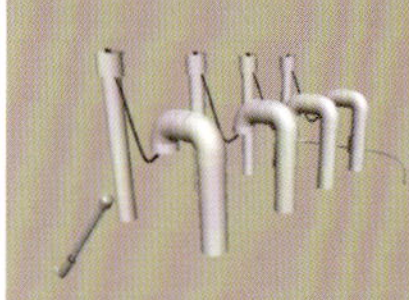

铂电阻地温传感器

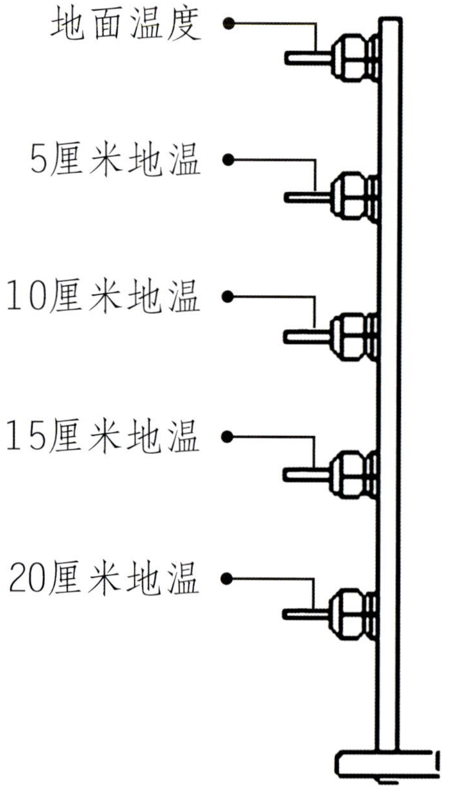

· 地面温度与浅层地温传感器示意图

拓展知识

地温与气温有什么联系?

地温和气温，尽管其观测设备的原理十分相似，但两者的概念与变化规律均不相同。气温指1.5米高度处百叶箱内空气的温度，是人们日常生活中时时刻刻感受到的温度。若考虑风、湿度和太阳辐射的综合影响，人在自然环境下所感受到的就是体感温度。

地温是地表面和不同深度处土壤温度的统称，除地面温度外，人们难以直接感受其他深度的地温。受太阳辐射影响，地面温度与气温的日变化一致性较好，但其变化远比气温大得多；且下垫面的性质不同，其变化程度也存在差异。比如夏天，高速公路路面温度比观测场草地的地面温度高很多。在农业领域，设施内的气温与地温之间表现为“互利关系”。当气温升高时，土壤从空气中吸收热量，地温升高；气温下降时，土壤向空中释放热量，有利于保持气温稳定。因此低温期提高地温，能够弥补气温偏低的不足，一般地温提高1℃，对作物生长的促进作用相当于提高2～3℃气温的效果。此外，两者还可以通过地温梯度进行换算，从而可以更全面地了解它们之间的关系。

云能天观测

云能天是云、能见度和天气现象的简称，是地面气象观测的重要部分。

云是悬浮在大气中的小水滴、过冷水滴、冰晶或它们的混合物组成的可见聚合体，有一定厚度，底部不接触地面；有时也含有较大的雨滴、冰粒和雪晶。云的形成和演变作为天气变化的征兆而受到关注，因此，云也被称为看得见的天气系统。同时，云对地球系统能量平衡和水循环有重要影响，所以，云也是气候观测的重要内容。航空飞机的起降、飞行高度和航线的选择都需要考虑云状、云况。气象学上云的观测包括云量、云状和云高，准确观云，应持续关注其演变，包括其形态特征、分布状况、高度、移向、移速、所在方位、层次、色泽等，所以，云的判识不是简单的图像识别，特别是云状需要与天气系统配合监测并结合其连续变化动态才能准确判断，这也是云的观测不能自动化完成的原因。

能见度是一个较为直观的量，指能够在水平和垂直方向上看到的最远距离。这种没有条件限制的能见度表征状况比较复杂。所以，气象学定义能见度为反映近地层大气的透明状况，而大气的透明状况会受到悬浮在大气中的固体和液体微粒引起的大气消光的影响。为便于人工观测，气象能见度定义规定了照度、目标物的大小和颜色、背景的颜色等，但这些都会受客观条件限制，对能见度观测影响较大。世界气象组织规定能见度用气象光学视程（Meteorological Optical Range，MOR）来表示，它指的是白炽灯发出色温为2700开尔文（K）平行光束的光通量在大气中削弱至初始值5%所通过的路径长度。此定义是能见度自动观测的科学依据。能见度观测是气象观测站判断天气现象及强度的重要指标之一，在保障航空和地面交通安全及大气污染研究方面发挥着重要作用。恶劣的能见度是重要的气象灾害之一，被列为气象灾害预警的内容。

天气现象是指发生在大气层和地表的物理现象，包括降水现象、地面凝结现象、视程障碍现象、雷电现象和其他现象等5类34种。各种天气现象都是在一定天气条件下产生的，直接反映天气变化，是天气预报的重要依据之一，对于气象服务有重要意义，必须随时进行观测和记录。对某些天气现象所造成的灾害，比如大风、冰雹、暴雨、龙卷、雪暴、沙尘暴、浓雾、雨凇和雾凇等，还应及时调查记载。

云能天观测的前世今生

秦朝开始，就有了掌管天时星历的官职——太史令，后来的朝代虽然名称不同，但也都设置了类似的官职或机构，明清后一般称钦天监，官职有监正、监副等。早期古人依靠生产生活经验，通过观察云能天预测未来天气，并总结出一些谚语，如“朝霞不出门，晚霞行千里”“天有城堡云，地上雷雨临”等。在地面气象观测站网建立起来后，人工观测云能天依然持续了一段时间，但存在一些问题。一方面，观测项目复杂、频次要求高，并存在投入及维护成本高且无法回溯等问题；另一方面，观测存在主观性强的问题，尤其是在复杂天气形势下，仅靠目测分析判断难度大，因此，成为地面气象观测工作中的薄弱环节。

云能天的自动观测是从云量、云高和能见度开始的，进入20世纪90年代，许多国家建成了业务自动观测网，如：美国的自动地面观测系统（ASOS）、日本的自动气象资料收集系统（AMeDAS）、芬兰的自动气象观测系统（MILOS）和法国的基本站网自动化观测系统（MISTRAL）等，实现了云量、云高与能见度的自动观测。

我国自2010年起，依托能见度自动观测仪、降水天气现象仪、激光云高仪和天气现象视频智能观测仪等一系列自动化仪器设备，以及云和多种天气现象综合判识算法的研发应用，国内2400余个国家级地面气象观测站逐步实现了对云能天的自动观测。

云能天的观测方法

在前文中，我们提到关于云能天早期人工观测（目测）阶段和相关设备，那么具体的目测方法是什么？在后续的发展中，云能天观测逐渐实现了自动化，出现了许多现代观测设备，这些设备分别有什么作用？

如何通过人工目测方法进行云能天观测？

云的目测

云的形态瞬息万变，云状识别是观测中的一大挑战，除了了解其外形特征外，还需深入理解云形成的主要物理过程。对云的观测主要包括判定云状、估计云量和测定云高。

云的分类有形态学分类和发生学分类。前者也称为国际分类，基于云的外形、结构和高度，将云分为三族十属二十九类；后者则依据云形成的物理过程和相应的形态特征，将云分为积状云、层状云和波状云三类。

· 层积云

· 高层云

· 高积云

· 积雨云

· 积云

· 卷云

积状云是不稳定层结空气中，由于热力和动力原因产生对流作用而形成的云。生成时云体垂直发展，消散时则水平扩展，常为分散孤立的大云块。层状云是均匀幕状的云，形成于稳定气层大范围缓慢斜升的过程，常常出现在锋面上。云体水平范围可延伸数百甚至上千千米，云层厚度、高度和外形存在较大差异。波状云是由逆温层上下风切变（或密度不连续层）引起的波动形成的。在波动层内，当水汽充沛时，波峰处空气上升冷却凝结成云，波谷处空气下沉无云形成或是云蒸发变薄，形成波浪排列的云条或云层。当波动同时产生于不同方向时，由于波的干涉，云便分裂成孤立的偏球状或块状，排列有序，这是卷积云、高积云和层积云共同具有的基本特征。

云状的判定主要基于云的外形特征、结构、色泽、排列、高度及伴随的天气现象，要特别注意云的连续演变过程。云状记录按“云状分类表”中二十九类云的简写拉丁字母记载。

云量是指云遮蔽天空视野的成数，分为总云量和低云量。把整个天空视野分为10成，观测被云遮蔽的成数，记整数。云量观测主要靠目力估计，常用的方法有补贴法、球带法。

云高指云底距测站的垂直距离，以米（m）为单位，记录取整数。

能见度的目测

能见度目测法在白天采用目标能见距离，夜间采用灯光能见距离。白天能见度是指视力正常（亮度对比感阈为0.05）的观测人员，在当时气象条件下，能够从天空无云背景中看到和辨认的地面目标物（黑色、大小适度）的最大水平距离。夜间灯光能见度（能见距离），就是视力正常的观察者在逐渐远离灯光的过程中，观察它刚好消失时离灯光的距离。夜间能见度观测所需要的参照目标物，应根据观测站四周不同方位、不同距离，选择较有代表性、固定的目标物。对于夜间的目标物，应尽量选择灯塔、引航灯，或带有常亮灯光的建筑物等。

由于各种因素的影响，气象观测站四周大气透明度往往不一致，使各个方向的水平能见距离产生差异。为了表示观测台站四周多数能见距离，在人工观测能见度时，则以有效水平能见度为准。所谓有效水平能见度，是指四周视野中二分之一以上的范围里都能看到目标物的最大水平距离。

人工观测能见度，受气象台站周边地理条件和主观等因素的影响，不同人的观测结果也会存在差异。

天气现象的目测

气象学将天气现象分为降水现象、地面凝结现象、视程障碍现象、雷电现象和其他现象等类别，共34种。值班观测人员应随时观测天气现象的发生和变化，记录出现在视区内的全部天气现象。夜间不守班的气象观测站，对夜间出现的天气现象，应尽量判断记录。为正确判断某一现象，有时候还要参照气象要素的变化和其他天气现象进行综合分析。凡与水平能见度有关的现象，均以有效水平能见度为准，并在能见度观测地点判断天气现象。

在观测记录时，观测人员需根据其形成原因和具体特征判断属于哪种天气现象，并使用规定符号进行记录。

从人工观测到自动化观测，需要重点攻克和推进应用“云能天”三方面的关键技术。基于高精度摄像头等仪器配备，中国气象局在2010年开始进行天气现象自动化观测试验，通过视频实景等拍照方式的图像识别方式，持续推进天气现象自动化观测。伴随高精度摄像头等技术的进步，更高清晰度的图片被成功获取，从图像采集到处理，再到大数据、深度学习、人工智能等更丰富智能算法的应用，天气现象被进一步科学掌握。

激光云高仪

典型的激光云高仪由测量单元、供电电源、通信单元、加热吹风装置和外壳等部分组成。测量单元包括发射单元（发射器）、接收单元和控制处理器等。激光云高仪可以获取整个探测路径上的高空间分辨率激光大气回波廓线。当发射器向空中发射一束脉冲激光，经过一定时间后，若有云，接收器则会接收到云层的激光回波信号，可计算得到仪器至云底间的斜距。由激光束的仰角，即可求得云底高度。同时，依据不同云的特征确定云底位置进而得到不同层次的云高。若无云，发射出的激光与大气中的大气分子、气溶胶和水汽等相互作用，后向散射信号被雷达接收系统接收，得到不同高度后向散射回波强度，反演出后向散射系数和消光系数，输出垂直能见度。目前，气象观测站常用的是HY-CL51型激光云高仪。

· 激光云高仪实物图

激光云高仪

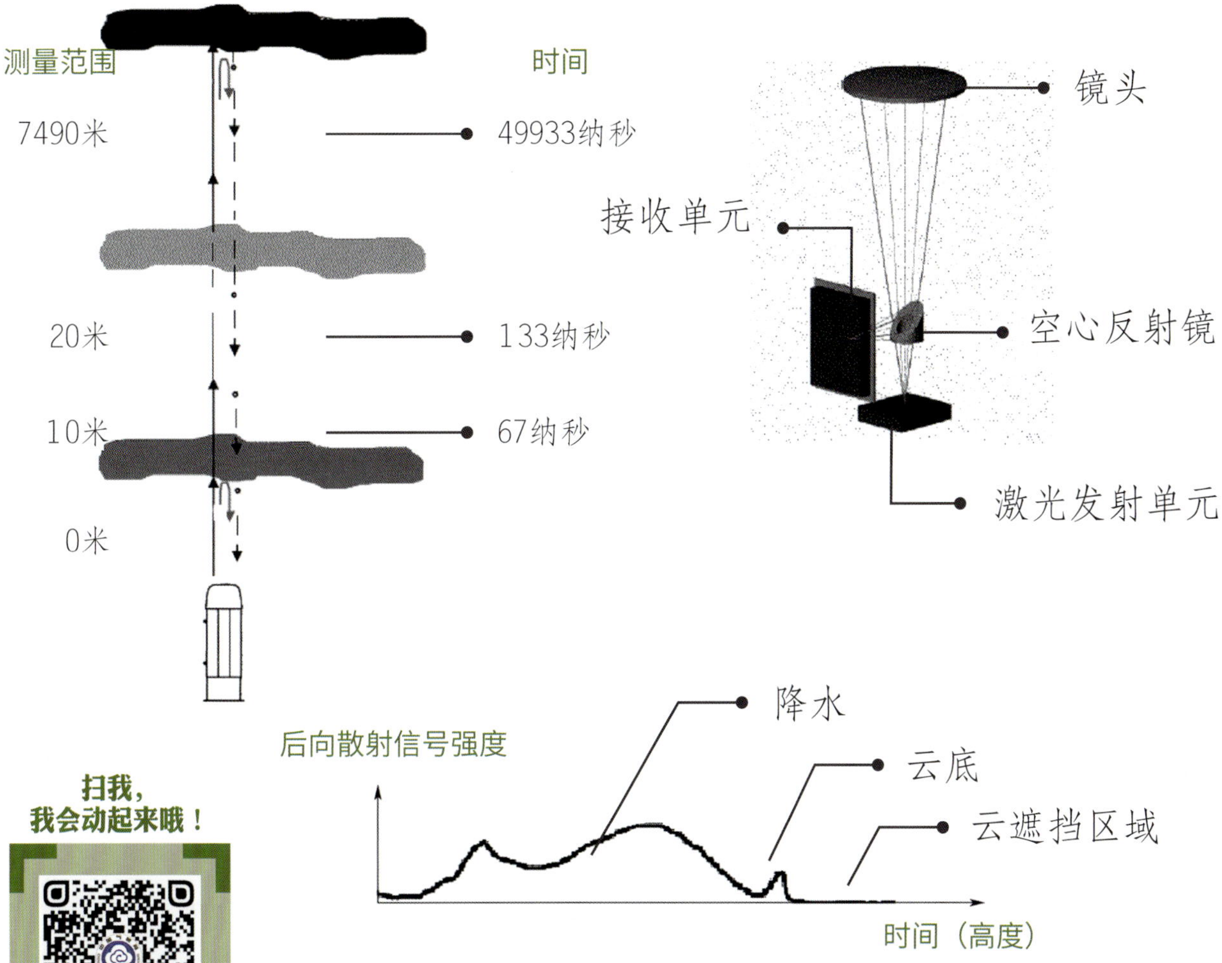

· 激光云高仪工作原理示意图

扫我，我会动起来哦！

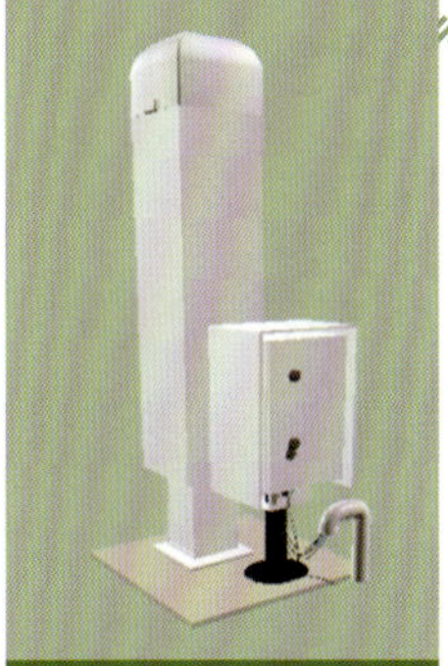

激光云高仪

前向散射能见度仪

前向散射能见度仪是气象观测站自动观测能见度的主要设备，由发送器、接收器与控制处理器等组成。发射器与接收器之间保持一定的距离，并成一定的角度（多数为33° ），发射器与接收器的连接线称为基线，当发射器持续发出红外光脉冲，经大气分子和颗粒物散射，接收器探测一定体积（发射器与接收器夹角光束形成）大气样本在固定方向上的散射光，并将光信号转换为电信号，控制处理器对信号进行处理，测得散射光强度，再经过算法处理得出散射系数，并估算出消光系数，从而可以得出气象光学视程。

前向散射能见度仪带有内部加热装置，以防止水汽凝聚在光学镜头表面。发射器和接收器均有镜头表面污染监测功能，当污染程度超过阈值时则会报警。

前向散射能见度仪的接收器和发射器的横臂成南北向，接收器在南侧，发射器在北侧。避免光学系统朝向强光源和朝向诸如雪或沙之类的反射表面，应保持接收器和发射器镜头清洁，发现传感器附近（尤其是采样区）有蜘蛛网、鸟窝、灰尘、树枝、树叶等影响数据采集的杂物，应及时清理。

前向散射能见度仪对比人工目测能见度有如下优点：第一，可以连续观测；第二，客观尺度性强；第三，改变了人工目测能见度数据时空密度较低的缺点；第四，改善了要素对于精细化预报和气象服务的需求。

但前向散射式能见度仪也存在一定的缺陷：第一，能见度局地性很强，时空变化大，当大气中气溶胶分布不均匀时，误差很大；第二，易受观测点非气象因素（如烟尘、小动物等）影响；第三，仪器自身稳定性、观测精度也会造成一定的观测误差。

除前向散射能见度仪外，民航机场多使用透射能见度仪开展能见度自动观测。

前向散射能见度仪

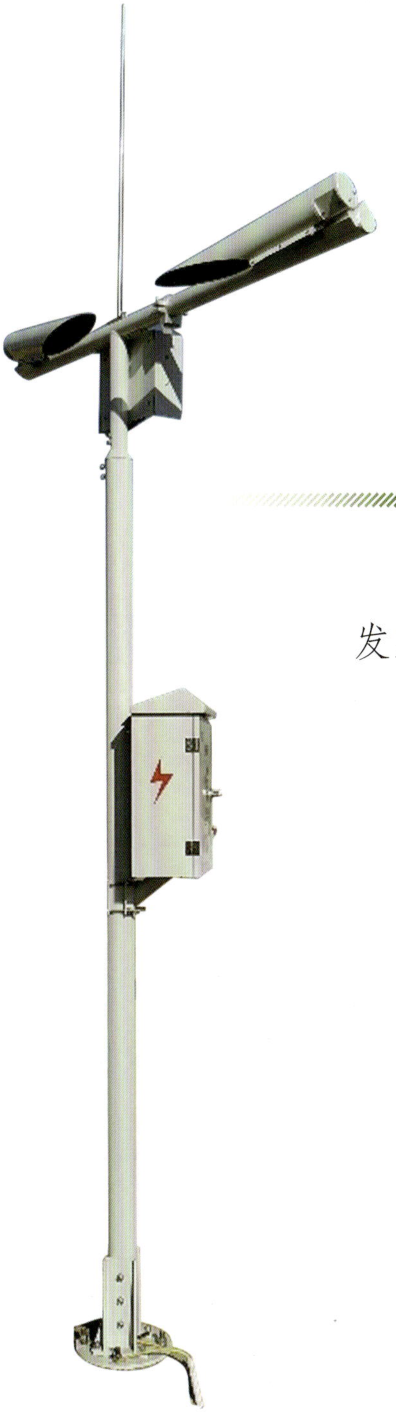

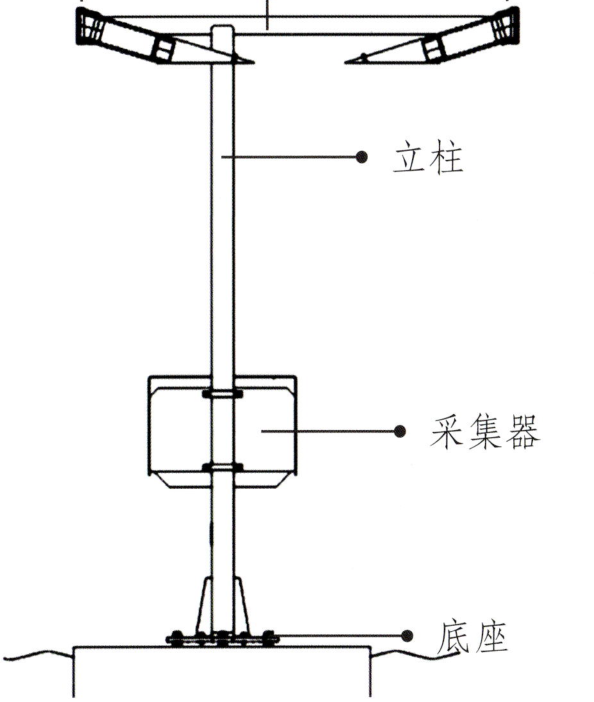

· 前向散射能见度仪实物图

· 前向散射能见度仪结构示意图

扫我，
我会动起来哦！

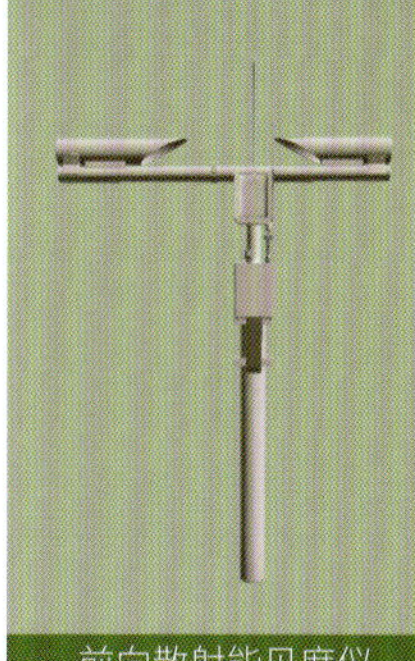

前向散射能见度仪

降水现象仪

降水现象仪是用来自动观测降水天气现象的仪器，由传感器、数据采集单元、供电控制单元和附件等组成。传感器包括激光发射和接收、控制处理单元、温度控制等；数据采集单元负责处理采样的降水粒子大小、速度、数量等信息，对采样样本进行质量控制、运算处理，输出降水现象类型、雨滴图谱、仪器工作状态等信息；供电控制单元将交流电源或辅助电源（太阳能、风能等）进行转换，并为蓄电池充电。

当传感器激光束中没有降水粒子降落穿过时，接收装置收到最强的激光信号，输出最大的电压值。当降水粒子穿过水平激光束时，以其相应的粒径遮挡部分激光束，从而使接收装置输出的电压下降。通过电压的大小可以确定降水粒子的粒径大小，从而实现降水粒子的粒径检测；粒子下降通过水平激光束需要一定的时间，通过检测电子信号的持续时间，即从降水粒子开始进入激光束到完全离开激光束所经历的时间，可以推导出降水粒子的下降速度，通过检测降水粒子的粒径和下落末速度，确定降水粒子的图谱分布，输出降水现象类型，同时得到降水相态数据图谱、降水量等数据。

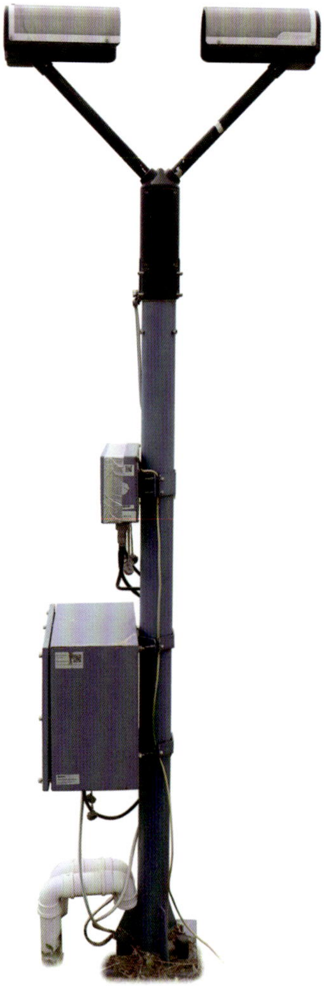

· 降水现象仪实物图

扫我，
我会动起来哦！

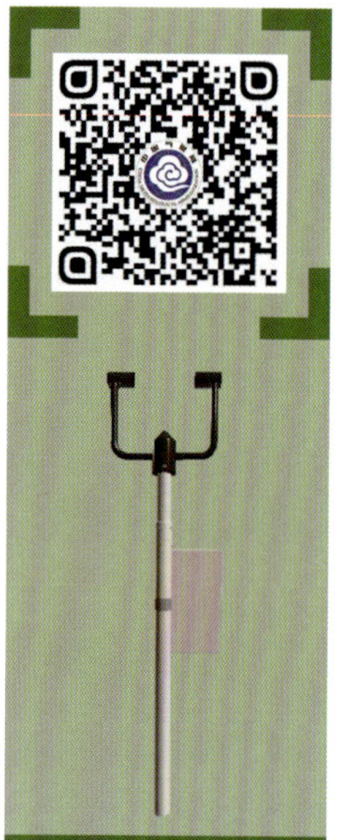

降水现象仪

目前，气象观测站普遍使用的是DSG4降水现象仪。仪器应安装在没有干扰光学测量的遮挡物和反射表面影响的地方，远离产生热量及妨碍降水采集的设施，避免闪烁光源、树荫及污染源的影响。发现采样区有蜘蛛网、鸟窝、灰尘、树枝、树叶等影响数据采集的杂物时，应及时清理。

降水现象仪

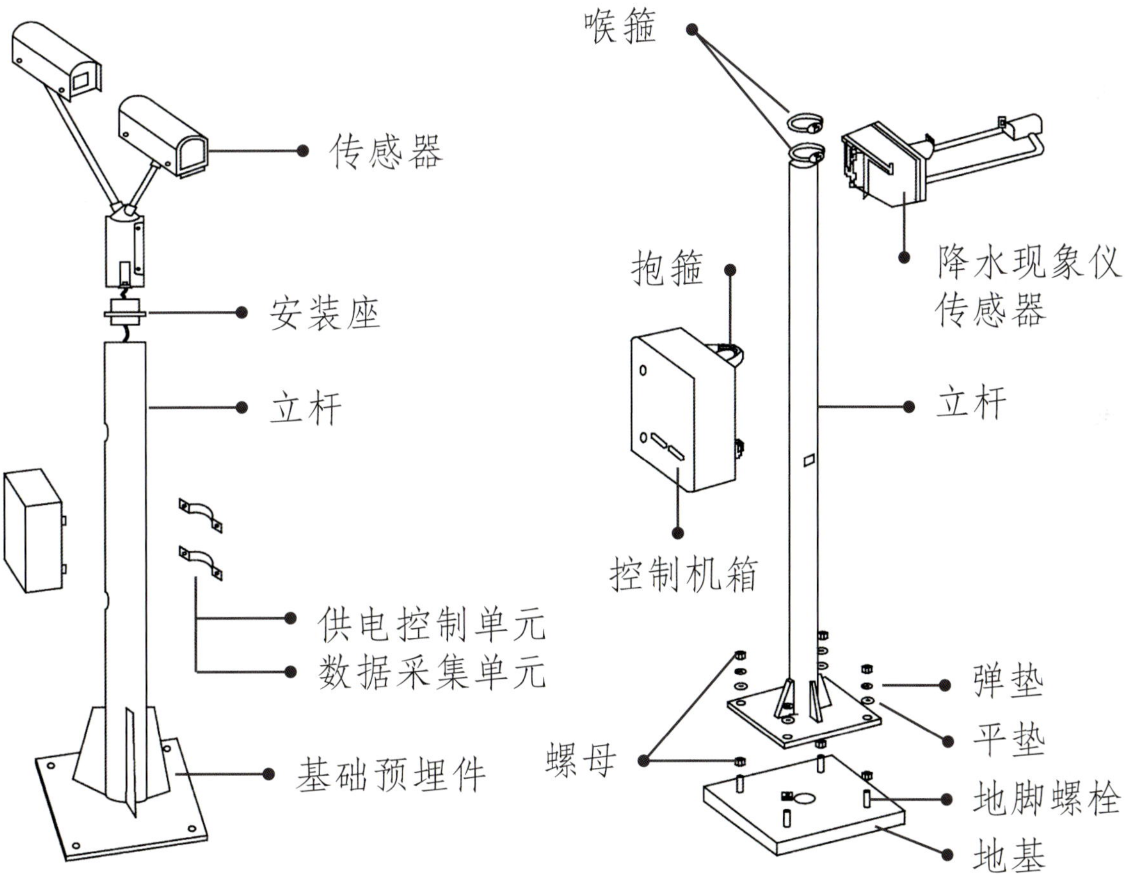

· 降水现象仪结构示意图

▶>> 天气现象视频智能观测仪的“三头六臂”

天气现象视频智能观测仪的整体结构由图像采集、图像处理、通信、供电4个单元及附件（防雷单元、自洁仪、安装预埋件和辅助观测目标物等）组成。图像采集由鱼眼高清摄像机、长焦高清摄像机和短焦高清摄像机组成。鱼眼高清摄像机，可水平180° 观测，使用时垂直向上安装，用于观测云；长焦高清摄像机，使用时对准结冰容器与草地，用于观测水面结冰、霜、露、积雪；短焦高清摄像机，使用时对准雪深尺与电线积冰架，用于观测雪深、电线积冰。

利用图像识别、深度学习和数据融合等技术，天气现象视频智能观测仪主要能够获取的要素包括总云量与云状，轻雾、雾、霾、浮尘、扬沙、沙尘暴等视程障碍现象，结冰、霜、露、雨凇、雾凇天气现象，积雪深度和电线积冰等要素，推进了地面气象观测的全要素自动化。

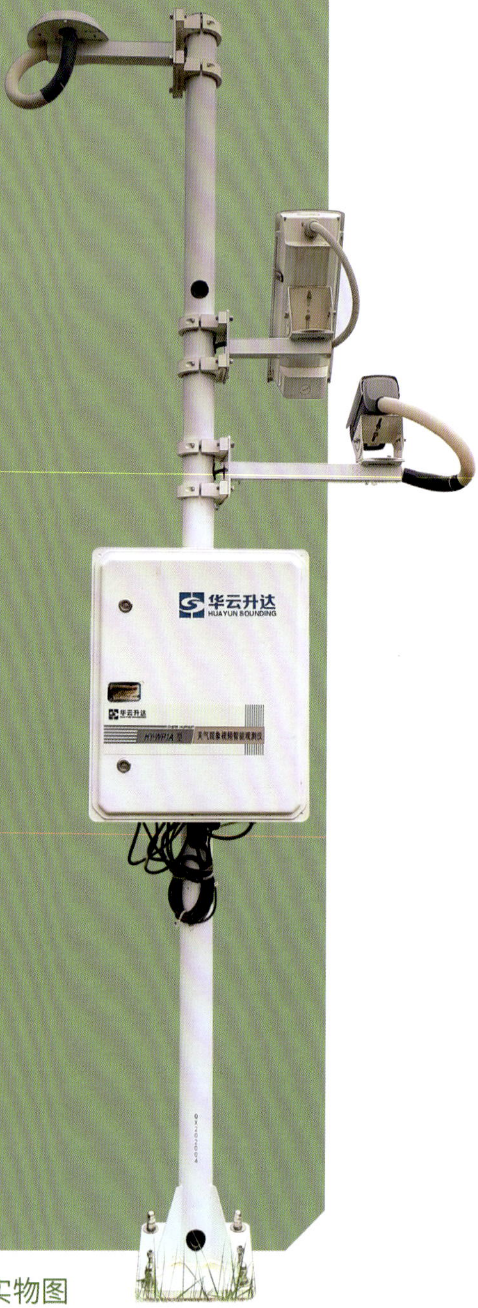

· 天气现象视频智能观测仪实物图

天气现象视频智能观测仪

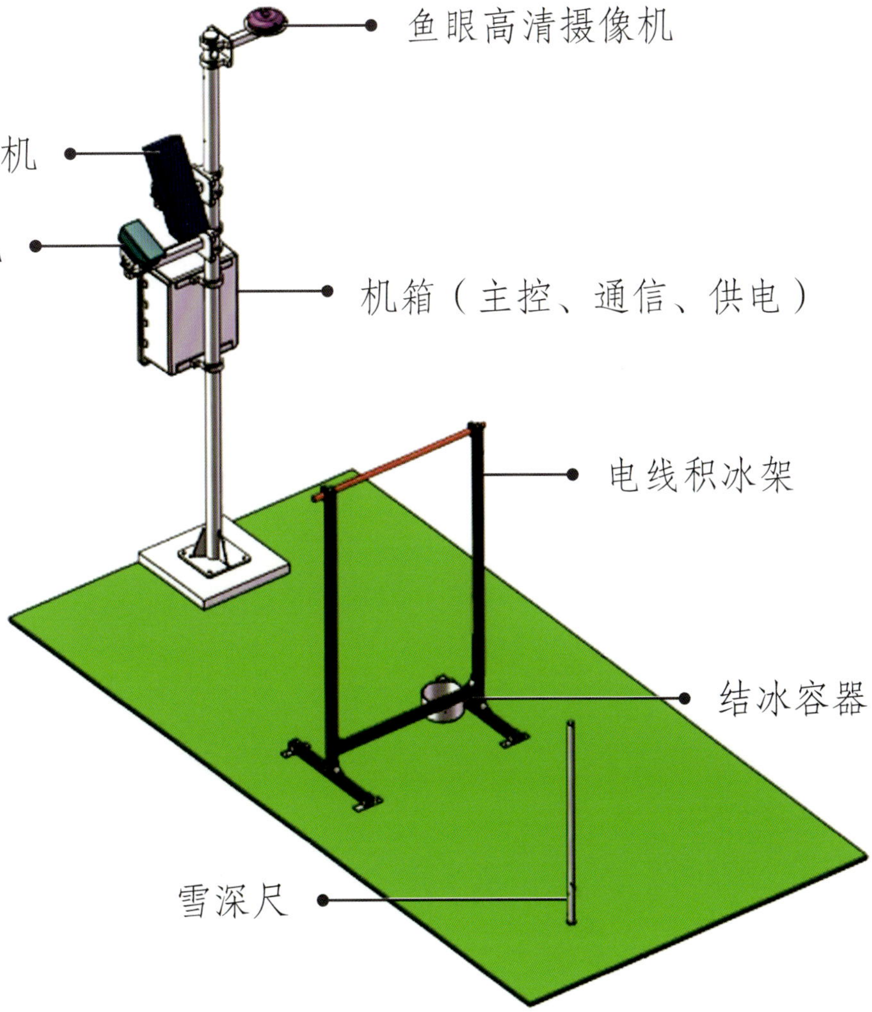

· 天气现象视频智能观测仪结构示意图

扫我，
我会动起来哦！

天气现象视频智能观测仪

拓展知识

云状分类表

云状分类表

<table>
<tr><th rowspan="2">云族</th><th colspan="2">云属</th><th colspan="2">云类</th></tr>
<tr><th>学名</th><th>简写</th><th>学名</th><th>简写</th></tr>
<tr><td rowspan="5">低云</td><td>积云</td><td>Cu</td><td>淡积云
碎积云
浓积云</td><td>Cu hum
Fc
Cu cong</td></tr>
<tr><td>积雨云</td><td>Cb</td><td>秃积雨云
鬃积雨云</td><td>Cb calv
Cb cap</td></tr>
<tr><td>层积云</td><td>Sc</td><td>透光层积云
蔽光层积云
积云性层积云
堡状层积云
荚状层积云</td><td>Sc tra
Sc op
Sc cug
Sc cast
Sc lent</td></tr>
<tr><td>层云</td><td>St</td><td>层云
碎层云</td><td>St
Fs</td></tr>
<tr><td>雨层云</td><td>Ns</td><td>雨层云
碎雨云</td><td>Ns
Fn</td></tr>
<tr><td rowspan="2">中云</td><td>高层云</td><td>As</td><td>透光高层云
蔽光高层云</td><td>As tra
As op</td></tr>
<tr><td>高积云</td><td>Ac</td><td>透光高积云
蔽光高积云
荚状高积云
积云性高积云
絮状高积云
堡状高积云</td><td>Ac tra
Ac op
Ac lent
Ac cug
Ac flo
Ac cast</td></tr>
<tr><td rowspan="3">高云</td><td>卷云</td><td>Ci</td><td>毛卷云
密卷云
伪卷云
钩卷云</td><td>Ci fil
Ci dens
Ci not
Ci unc</td></tr>
<tr><td>卷层云</td><td>Cs</td><td>毛卷层云
薄幕卷层云</td><td>Cs fil
Cs nebu</td></tr>
<tr><td>卷积云</td><td>Cc</td><td>卷积云</td><td>Cc</td></tr>
</table>

大气光学现象（天象）

大气光学现象是指天气中发生的各种光学现象，包括日(月)晕、虹、日(月)华、海市蜃楼、峨眉宝光、霞等。来自太阳、月亮和其它光源的光线穿过大气层时，发生选择性吸收、散射、反射和折射、衍射等，原来的路径和颜色发生改变，呈现出各种色彩缤纷的光学现象。

晕是当高空存在由冰晶组成的薄云（卷云或卷层云）时，日、月光通过云中冰晶折射或反射后，在日、月周围出现一些以日、月为中心的彩色光环和圆弧。

虹是光线以一定角度照在水滴上，并发生折射、分光、内反射、再折射等产生的大气光象。光线照射到雨滴上，在雨滴内会发生折射，折射光线经雨滴的后缘内反射后，再经过雨滴和大气折射到我们眼中，由于空气悬浮的雨滴很多，所以当我们仰望天空时，同一弧线上雨滴所折射出的不同颜色光线角度相同，于是我们就看到了内紫外红的彩色光带，即彩虹。

华是日光或月光透过半径很小的水滴或冰晶组成的薄云时，产生衍射现象而出现的彩色光环。

海市蜃楼，又称蜃景，是一种因为光折射和全反射而形成的自然现象。其形成与天气形势、气象条件、地理位置、地球物理等有密切关系，在海上或陆地上均可看到。

峨眉宝光还有一个名字，那就是佛光。它看上去像是一个五彩的光环，本质是太阳自观赏者的身后，将人影投射到观赏者面前的云彩之上，云彩中的细小冰晶与水滴形成独特的圆圈形彩虹，人影正在其中。

霞指日出、日落时天空出现的彩色光象或彩色的云。是阳光通过厚厚的大气层，被大量空气分子散射的结果。当空中的尘埃、水汽等杂质愈多时，其色彩愈显著。霞分为朝霞和晚霞。

天气现象对应的符号及特征

地面凝结现象的特征

天气现象	符号	外形特征及凝结特征	成因	天气条件
露	Ω	水珠（不包括霜融化成的）	水汽冷却凝结而成	晴朗少风湿度大的夜间，地表温度0℃以上
霜	⊔	白色松脆的冰晶或冰珠	水汽直接凝华而成或由露冻结而成	晴朗微风湿度大的夜间，地面温度在0℃以下
雾凇	V	乳白色的冰晶层或粒状冰层，较松脆，常呈毛茸茸针状或起伏不平的粒状	过冷却雾滴在物体迎风面冻结或严寒时空气中水汽凝华而成	气温较低（-3℃以下），有雾或湿度大时
雨凇	∾	透明或毛玻璃状的冰层，坚硬光滑或略有隆突	过冷雨滴或毛毛雨滴在物体（低于0℃）上冻结而成	气温稍低，有雨或毛毛雨下降时

降水现象的特征

天气现象	符号	直径（毫米）	外形特征及着地特征	下降情况
雨	•	≥ 0.5	干地面有湿斑，水面起波纹	雨滴可辨，下降如线，强度变化较缓
阵雨	$\dot{\triangledown}$	>0.5	同上，但雨滴往往较大	骤降骤停，强度变化大，有时伴有雷暴
毛毛雨	,	<0.5	干地面无湿斑，慢慢均匀湿润，水面无波纹	稠密飘浮，雨滴难辨
雪	⋇	大小不一	白色不透明六角或片状结晶，固体降水	飘落，强度变化较缓
阵雪	$\overset{\ast}{\triangledown}$	同上	同上	飘落，强度变化较大，开始和停止都较突然
雨夹雪	$\overset{\bullet}{\ast}$	同上	半融化的雪（湿雪）或雨和雪同时下降	同雨
阵性雨夹雪	$\overset{\bullet}{\overset{\ast}{\triangledown}}$	同上	同上	强度变化大，开始和停止都较突然
霰	$\overset{\ast}{\triangle}$	2 ~ 5	白色不透明的圆锥或球形颗粒，固态降水，着硬地常反跳，松脆易碎	常呈阵性
米雪	$\overline{\triangle}$	<1	白色不透明，扁长小颗粒，固态降水，着地不反跳	均匀、缓慢、稀疏
冰粒	$\triangle$（内有点）	1 ~ 5	透明丸状或不规则固态降水，有时内部还有未冻结的水，着地常反跳，有时打碎只剩冰壳	常呈间歇性，有时与雨伴见
冰雹	△	2 至数十	坚硬的球状、锥状或不规则的固态降水，内核常不透明，外包透明冰层或层层相间，大的着地反跳，坚硬不易碎	阵性明显

视程障碍现象的特征

天气现象	符号	特征或成因	影响能见度的程度（千米）	颜色	天气条件
雾	≡	大量微小水滴浮游空中	<1.0	常为乳白色（工厂区为土黄灰色）	相对湿度接近100%
轻雾	=	微小水滴或已湿的吸湿性质粒组成的稀薄雾幕	1.0 ～ <10.0	灰白色	空气较潮湿、稳定
吹雪	⇸	强风将地面积雪卷起	<10.0	白茫茫	风较大
雪暴	✥	大量的雪被风卷着随风运行（不能判定当时是否降雪）	<1.0	同上	风很大
扬沙	$	本地或附近尘沙被风吹起，使能见度显著下降	1.0 ～ <10.0	天空混浊，一片黄色	风较大
沙尘暴	S→		<1.0		风很大
浮尘	S	远处尘沙经上层气流传播而来或为沙尘暴、扬沙出现后尚未下沉的细粒浮游空中	<10.0 垂直能见度也差	远物土黄色，太阳苍白或淡黄色	无风或风较小
霾	∞	大量极细微尘粒，均匀浮游空中，使空气普遍混浊	<10.0	远处光亮物体微带黄色、红色，黑暗物体微带蓝色	气团稳定、较干燥
烟幕	⌈	城市、工厂或森林火灾等排出的大量烟粒弥漫空中，有烟味	<10.0	远处来的烟幕呈黑、灰、褐色，日出、黄昏时太阳呈红色	气团稳定，有逆温时易形成

雷电现象的特征

天气现象	符号	特征或成因	表现
雷暴	ꓘ	为积雨云云中、云间或云地之间产生的放电现象	表现为闪电并有雷声，有时亦可只闻雷声而不见闪电
闪电	<	为积雨云云中、云间或云地之间产生放电时伴随的电光	不伴随雷声
极光	♕	在高纬度地区（中纬度地区也可偶见）晴夜见到的一种在大气高层辉煌闪烁的彩色光弧或光幕。亮度一般像满月夜间的云	光弧常呈向上射出活动的光带，光带往往为白色稍带绿色或翠绿色，下边带淡红色。有时只有光带而无光弧，有时也呈振动很快的光带或光幕

其他现象

天气现象	符号	特征或成因
大风	F	瞬时风速达到或超过 17.2 米 / 秒（或目测估计风力达到或超过 8 级）的风
飑	∀	突然发作的强风，持续时间短促。出现时瞬时风速突增，风向突变，气象要素随之亦有剧烈变化，常伴随雷雨出现
龙卷	)(	一种小范围的强烈旋风，从外观看，是从积雨云（或发展很盛的浓积云）底盘旋下垂的一个漏斗状云体。有时稍伸即隐或悬挂空中，有时触及地面或水面。旋风过境，对树木、建筑物、船舶等均可能造成严重破坏
尘卷风	§	因地面局部强烈增热，而在近地面气层中产生的小旋风，尘沙及其他细小物体随风卷起，形成尘柱。很小的尘卷风，直径在两米以内，高度在 10 米以下的不记录
冰针	↔	飘浮于空中的很微小的片状或针状冰晶，在阳光照耀下，闪烁可辨，有时可形成日柱或其他晕的现象。多出现在高纬度和高原地区的严冬季节
积雪	⊠	雪（包括霰、米雪、冰粒）覆盖地面达到气象站四周能见面积一半以上
结冰	⊔	指露天水面（包括蒸发器的水）冻结成冰

蒸发观测

蒸发是地球水文循环的重要环节，地球上一切生命的存在都与水息息相关，水在地球上主要以气态、液态和固态的形式存在。自然界中，水在海洋、陆地、大气中不断循环运动。大气中的水通过雨、雪等过程进入陆地或海洋，而陆地和海洋中的水如何进入大气呢？其实靠的就是蒸发。因此，蒸发是地球水文循环的重要环节之一。

蒸发是一种物质由液态或固态转化为气态的物理过程，气象学上一般将水由液态或固态变为气态的过程称为蒸发。蒸发量是气象部门每日必须观测的气象要素之一。在估算陆地蒸发、作物需水和作物水分平衡等方面，蒸发量具有重要的参考价值；科学家对蒸发量变化开展研究，也有助于深入了解气候变化和地球系统的水分循环变化规律。

蒸发观测的前世今生

在地球系统水循环中，蒸发过程如此重要，如何测量蒸发量其实也是科学家们一直探索的问题。

气象部门测量的蒸发量一般指水面蒸发量，即在单位时间内单位口径的蒸发器中因蒸发而失去的水层厚度，以毫米为单位，取一位小数。但这样测量的蒸发量既不能反映自然水面的蒸发及实际的蒸散，也不能反映潜在蒸发。因此，由此观测的蒸发量数值需加以修正，才能可靠地估计出湖面蒸发或自然表面实际的和可能的蒸散值。

目前获取蒸发量的途径主要有两种，一是器测法，即用蒸发器直接测量蒸发量；二是经验公式法。由于影响蒸发的因素很多，且各因素间关系错综复杂，经验公式法计算的蒸发量误差较大，因此通常采用器测法获得蒸发量，但有时也根据需要采用经验公式法测量。

世界上最早使用蒸发器来测量水面蒸发量的是英国天文学家埃德蒙多·哈雷。他从1687年便开始使用蒸发器。此后，世界各国相继研发出不同的蒸发器，其材料、形状、大小、安装方式、观测方法等各不相同。目前，各国现用的蒸发器中，美国A级蒸发器、苏联GGI-3000蒸发器以及俄罗斯20平方米蒸发池被广泛作为标准气象观测站网蒸发器使用，且俄罗斯20平方米蒸发池已被推荐为国际参考标准蒸发器。

20世纪20年代，我国主要采用直径80厘米的套盆式水面蒸发器和20厘米的小型蒸发器测量蒸发量；新中国成立之后，引进了苏联的GGⅡ-3000型蒸发器，1960年水利部水文局在筒体四周加设4个10厘米宽的水圈，并将其命名为E-601型水面蒸发器，后将水圈宽度增加到20厘米并在全国推广使用。

蒸发观测仪器

目前，在我国地面气象观测中，测量蒸发量最常用的仪器有小型蒸发器和E-601B型蒸发器，以及用于自动观测的超声波蒸发传感器。

E-601B型蒸发器

E-601B型蒸发器是我国气象观测场中测量蒸发量最常见的仪器。它由蒸发桶、水圈、溢流桶和测针四部分组成。蒸发桶是一个器口为正圆，底部为锥形的圆柱形桶。水圈由四个相同的户型水槽组成，是位于蒸发桶外围的环套，旨在减少太阳辐射及溅水对蒸发的影响。溢流桶是一个圆柱形承水器，主要承接降水较大时蒸发桶溢出的水。在不出现暴雨的地方，可不设溢流桶。测针则是专用于测量蒸发器内水面高度的部件，利用螺旋测微器的原理制成，读数可精确到0.1毫米。

蒸发量一般每日20时测量一次，测量前需保证器皿中有水，因此一般应在观测前一天取20毫米清水倒入蒸发器内（若在干燥地区或干燥季节，可取30毫米清水），经过24小时，再测量器皿中剩余水的深度，二者之差就是这一天的蒸发量。但如果当天出现降雨（雪），那么必须去除降水量，才能得到蒸发量。因此在气象观测场中，测量蒸发量和降水量的仪器一般都比较临近，目的就是尽量避免误差。

如今自动化观测时代，各种液位传感器通过将连通器与E-601B蒸发桶相连，来实现自动观测。超声波蒸发传感器便是如此，主要基于连通器和超声波测距的原理，选用高精度超声波探头，根据超声波脉冲发射和返回的时间差来测定水位变化，并转换为电信号输出，即可得到某个时段内的水位变化，故而得到该时段的蒸发量。

扫我，我会动起来哦！

E-601B型蒸发器

• E-601B型蒸发器实物图

E-601B型蒸发器

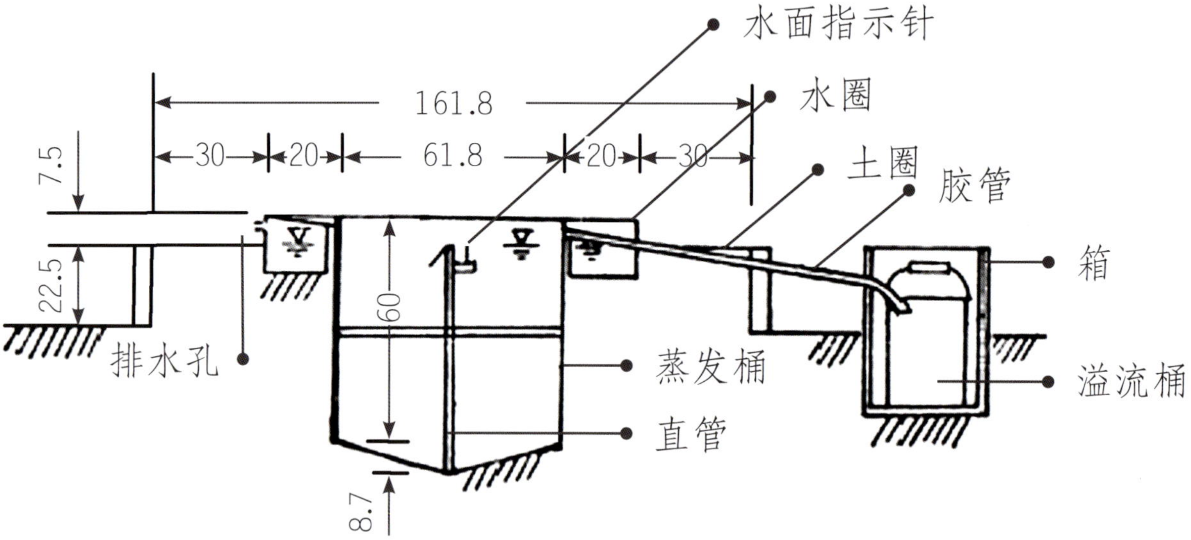

剖面示意图（长度单位为厘米）

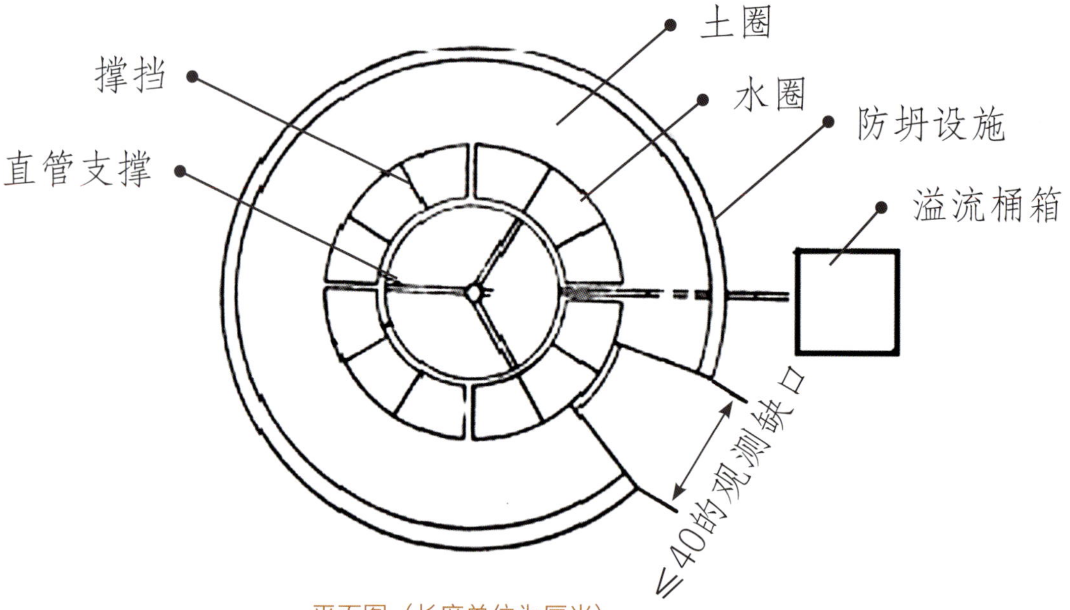

平面图（长度单位为厘米）

· E-601B型蒸发器结构示意图

• 超声波蒸发传感器实物图

小型蒸发器

气象观测业务中使用的小型蒸发器，其实就是一个承水的容器。它是一个口径为20厘米、高约10 厘米的金属圆盆，为防止鸟兽饮水影响测量准确度，蒸发器口一般会安装一个上端向外张开成喇叭状的金属丝网圈，俗称防鸟罩。无降水时，该网罩应罩在器口上。

一般在气象观测站内，若没有安装E-601B型蒸发器，则全年使用小型蒸发器；有E-601B型蒸发器的，还应保留小型蒸发器的安装支架，以备冬季结冰或大型蒸发器出现故障时使用。在北方冬季结冰期较长的气象观测站内，结冰期还是应该借助小型蒸发器开展冰面蒸发量的观测，再使用蒸发台秤测量蒸发量。蒸发台秤计量杆上标有毫米和克两种刻度，砝码也配了两套，一套为观测雨量和蒸发量使用的毫米砝码，一套为刻度是克的普通砝码。测量蒸发量时，要先使用蒸发台秤分别测量小型蒸发器和20毫米水的称重数值（即原量）以及经过24小时后小型蒸发器和剩余水或冰的称重数值（即余量），再采用“蒸发量=原量读数+降水量-余量读数”的公式计算得出蒸发量。

一般小型蒸发器和E-601B型蒸发器在结冰开始和化冰结束的月末20时观测时替换，且在记录时应分别记在“大型”与“小型”栏内，以便对观测手段加以区分。

小型蒸发器因为是人工观测，所以有人为误差，而且一天只观测一次，有时鸟兽饮水及风沙天气也导致数据不准。E-601B型蒸发器观测结果比小型蒸发器精准，且数据达到分钟级。

扫我，我会动起来哦！

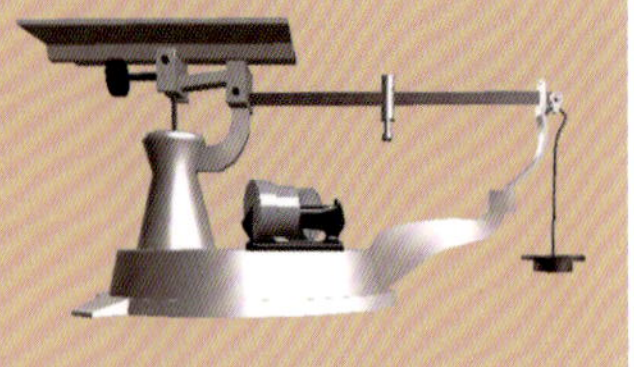

蒸发台秤

· 蒸发台秤实物图

扫我，
我会动起来哦！

小型蒸发器

小型蒸发器

• 小型蒸发器实物图

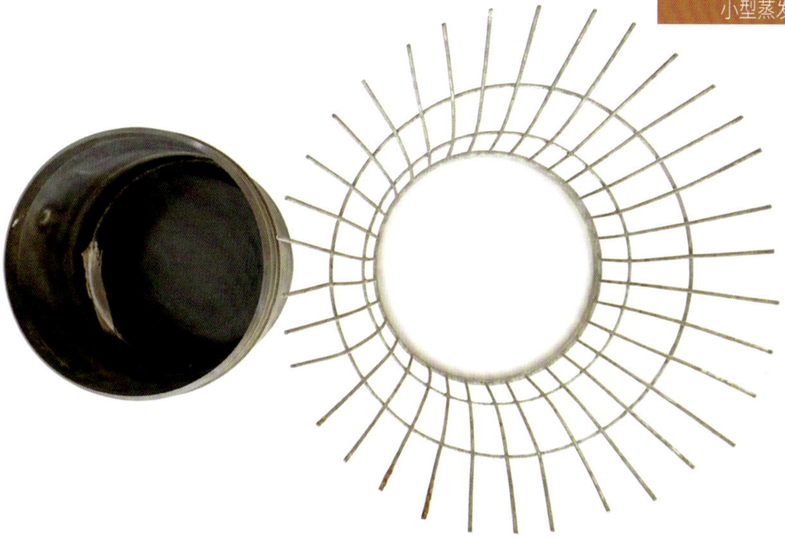
• 小型蒸发器（左）及蒸发罩（右）实物图

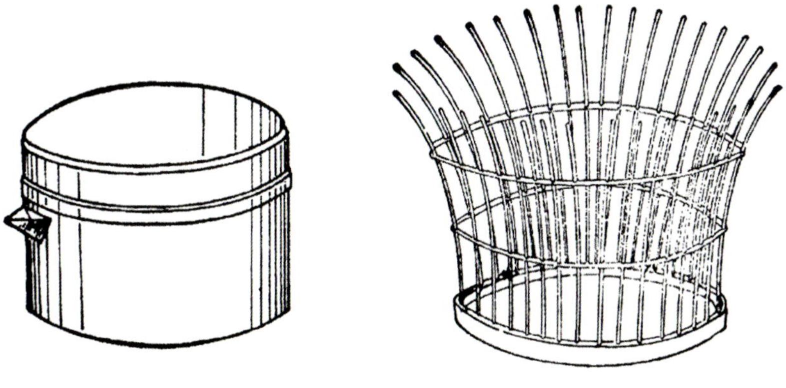
• 小型蒸发器（左）及蒸发罩（右）结构示意图

拓展知识

蒸发是看不见的物理过程

日常生活中，我们经常看到蒸馒头或洗澡时有袅袅水汽升起，很多人认为这是蒸发过程，其实不然。蒸发过程是一种看不见的物理过程。前面讲到，气象学中把液体的水或者固体的冰、雪变成看不见的水汽的过程称为蒸发。蒸馒头或洗澡时我们看到的水汽，并不是气态水，而是一种液体水，只不过是以小水滴的形式存在，自身重量比较小，可以漂浮在空气中。

其实，气态水是以分子状态存在，单个水分子的直径比1毫米的百万分之一还小，无法被眼睛看到。虽然看不到这个过程，但我们仍可以从日常生活中发现端倪，如杯子里剩下的一点水过了一天变没了，晾在阳台的湿衣服变干了等等，都是蒸发的过程。

蒸发可用于提炼净水

地球上71%的面积被水覆盖，但淡水资源却十分紧缺，仅占水资源的2.5%左右。将海水转化为淡水，将工厂排出的污水经过处理转化为能喝的净水，这些看似极其复杂的过程，其实就是蒸发过程，并且每时每刻都在大自然中发生着。

海水、污水蒸发后，变成大气中的水汽，降水过程再把干净的水蒸气变成净水送回大地，成为我们可饮用的水。默默无闻的蒸发过程就这样日复一日地为我们提炼着净水，算不算是一项伟大的过程呢？

气候变暖对蒸发有怎样的影响？

大自然是一个既奇妙又复杂的机器，它既有暴风骤雨也有默默无声的蒸发过程。你是否想象过，如若没有蒸发，天空中也就没有云朵，地球水文循环就此中断，地面的水资源全部汇集到低洼地区，其他地区的动植物无法获取水分，也就无法生存。

气候变暖背景下，蒸发也受到影响。全球气候变暖导致海水温度升高，从而提高蒸发率。这可能导致大气中承载更多的水汽，进而影响整个天气系统，导致更猛烈的天气形势，也可能改变降水模式，增加暴雨或干旱等极端天气事件的发生频次。

辐射观测

自然界中的任何物体都会以电磁波或粒子的方式向四周发射能量，这种传送能量的方式称为辐射。太阳辐射能是地球大气最重要的能量来源，太阳、地球和大气的辐射过程是形成气候的主要因子之一。地面辐射主要源自太阳辐射与地球辐射，因此，地面气象观测中对辐射的研究主要包括太阳辐射和地球辐射两大类。

太阳辐射是指由太阳向宇宙空间发射的电磁波和粒子流，99.9%的能量集中在0.2～10.0微米（μm，1微米=0.001毫米）的波长范围内，其中波长小于0.4微米的辐射被称为紫外辐射，0.40～0.76微米的辐射被称为可见辐射，大于可见辐射的则是红外辐射。可见辐射因肉眼可见，故亦称为可见光，国际上通常将0.40～0.70微米波长范围的可见辐射称为光合有效辐射。太阳光谱在0.29～3.00微米的部分被称为短波辐射，约占太阳总能量的97%，是目前气象观测站主要观测对象。鉴于太阳紫外辐射对环境和人类健康的潜在影响，并且臭氧衰减导致地球表面UV-B辐射增强，太阳紫外辐射观测受到普遍关注。另外，气象领域除观测太阳辐射总量外，还进行分光谱的观测，以深入研究不同波段辐射对环境和生态的影响。

地球辐射是地球表面、大气、气溶胶和云层吸收太阳辐射后发出的辐射，波长范围为3～100微米，也被称为长波辐射。由于太阳辐射和地球辐射的光谱分布重叠很少，所以观测中需对不同波长的辐射进行测量。太阳作为地球的能量之源，通过辐射向地球提供能量，除了被反射掉的部分外，地球-大气系统会吸收一部分太阳辐射。同时，太阳照射到地球表面及从地球表面发射的各种辐射能量，是地球和地球表面及大气热量收支最重要的变量。长期来看，地球接收到太阳辐射能量和地球-大气系统向外发射的能量达到动态平衡，维持气候系统的稳定。

地面辐射观测不仅有助于研究大气系统中的能量转换及其随时空变化的情况，还可为评估太阳能等可再生能源资源的潜力提供重要依据，对于能源规划、能源开发具有深远意义。光合有效辐射作为重要的气候要素，研究其时空变化特征对生态系统光合作用过程的影响，也具有重要意义。

气象辐射测量仪器的历史更迭

早在19世纪，人们便开始投身于气象辐射测量仪器的研究。1825年，英国人威廉·赫歇尔发明了黑球日射表，其原理是当太阳照射蓝色液体时，其温度的变化可以反映太阳辐射的强弱。1876年，沙俄科学家研制出第一台使用热电堆感应器的辐射接收器；到了1893年，瑞典人发明了电补偿式绝对直接辐射表，后人根据其补偿原理研制出总辐射表。自20世纪20年代开始，Moll型热电堆和Moll-Gorczynski总辐射表研制成功，直接辐射表和总辐射表被不断改良升级，地球辐射表、净全辐射表和电光型总辐射表、光合有效辐射表、紫外辐射表等相继涌现。

我国在20世纪50年代末开始气象辐射测量仪器研制工作。由于当时科学技术的限制，仪器研制主要仿制苏联。1957年，仿照苏联的图纸和工艺，我国研制出第一代直接辐射表，即DFY1型直接辐射表。随着自动化观测发展需要，从1983年开始，DFY3型直接辐射表、TBS1型日射表及DFY4-1型和TBQ型总辐射表、DFY5型和FNP型净全辐射表相继问世。21世纪以来，气象、环境和能源领域对太阳辐射资料的需求愈加迫切，我国陆续研制出了FS-D1型直接辐射表、FS-S6型总辐射表和FS-T1型长波辐射表等新型辐射仪器。其中，FS-D1型直接辐射表和FS-S6型总辐射表达到世界气象组织9060/ISO一级辐射表技术指标，填补了我国高等级辐射仪器的空白。

辐射测量仪器

测量辐射能的方法众多，通常是将其转变为其他便于测量的能量形式来观测，如利用辐射能产生的热电、光电效应等。因此，气象辐射传感器可分为热电型传感器和光电型传感器。前者利用传感器的热电效应，如总辐射表、直接辐射表、长波辐射表；后者借助传感器的光电效应，如紫外辐射表、光合有效辐射表。目前，所有的地面辐射观测仪器均实现了对辐射能的直接观测。

在辐射测量中，热电型传感器一直居于主导地位，这是由于其表面的黑色涂层对各种波长的辐射能具有基本一致的响应。而光电型传感器的优势在于响应时间短、灵敏度高，但由于光谱响应随波长变化较大，难以在较宽的波长范围内找出光谱响应较均一的光电器件，极大地限制了其应用范围。

气象上的辐射观测项目主要有辐照度和曝辐量，以及某一时段内辐照度的极值和出现时间。辐照度是指照射到物体单位面积上的辐射通量，属于瞬时值，单位为瓦每平方米（W/m^2）；曝辐量是辐照度对时间的积分，即一定时间段内辐射折总量值，单位为兆焦耳每平方米（MJ/m^2）。光合有效辐射则是以光量子为单位来度量。

辐射测量仪器的日常维护是保证设备正常准确运行的重要手段。要保证辐射表的光学表面清洁，玻璃罩或进光窗口不能进水，罩内也不应有水汽凝结物。同时，干燥器内硅胶不能变潮，并保持向上放置的辐射仪器水平，如遇强雷暴等恶劣天气时，应加强巡视，发现问题及时处理，以确保设备的正常运行。

总辐射表

总辐射是指水平面上整个半球空间（即2π球面立体角）内接收到的太阳直接辐射和散射辐射之和，亦称总日射。它是气象辐射观测中最基本的项目，采用总辐射表来测量。

总辐射表由感应件、滤光玻璃罩和附件组成。其工作原理是基于热电效应，通过测定其下端热电堆温差电动势，然后将其转换成辐照度。滤光玻璃罩为半球形双层石英玻璃构成，既能防风，又能透过波长0.3～3.0微米范围的短波辐射，还能防止外层罩的红外辐射影响；附件包括机体、干燥剂、白色挡板、底座、水准器和接线柱等；底座上设有安装仪器用的固定螺孔及调整感应面水平的3个调节螺旋。

扫我，我会动起来哦！

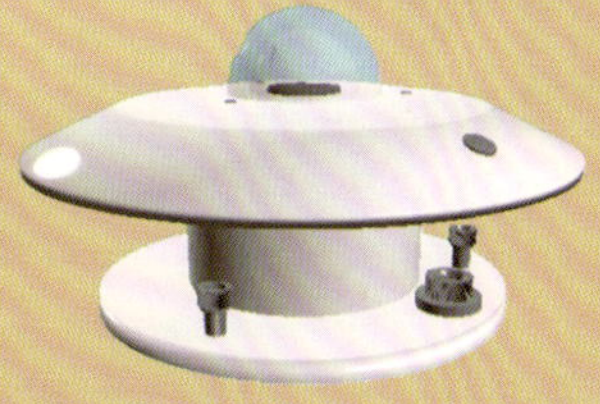

总辐射表

• 总辐射表实物图

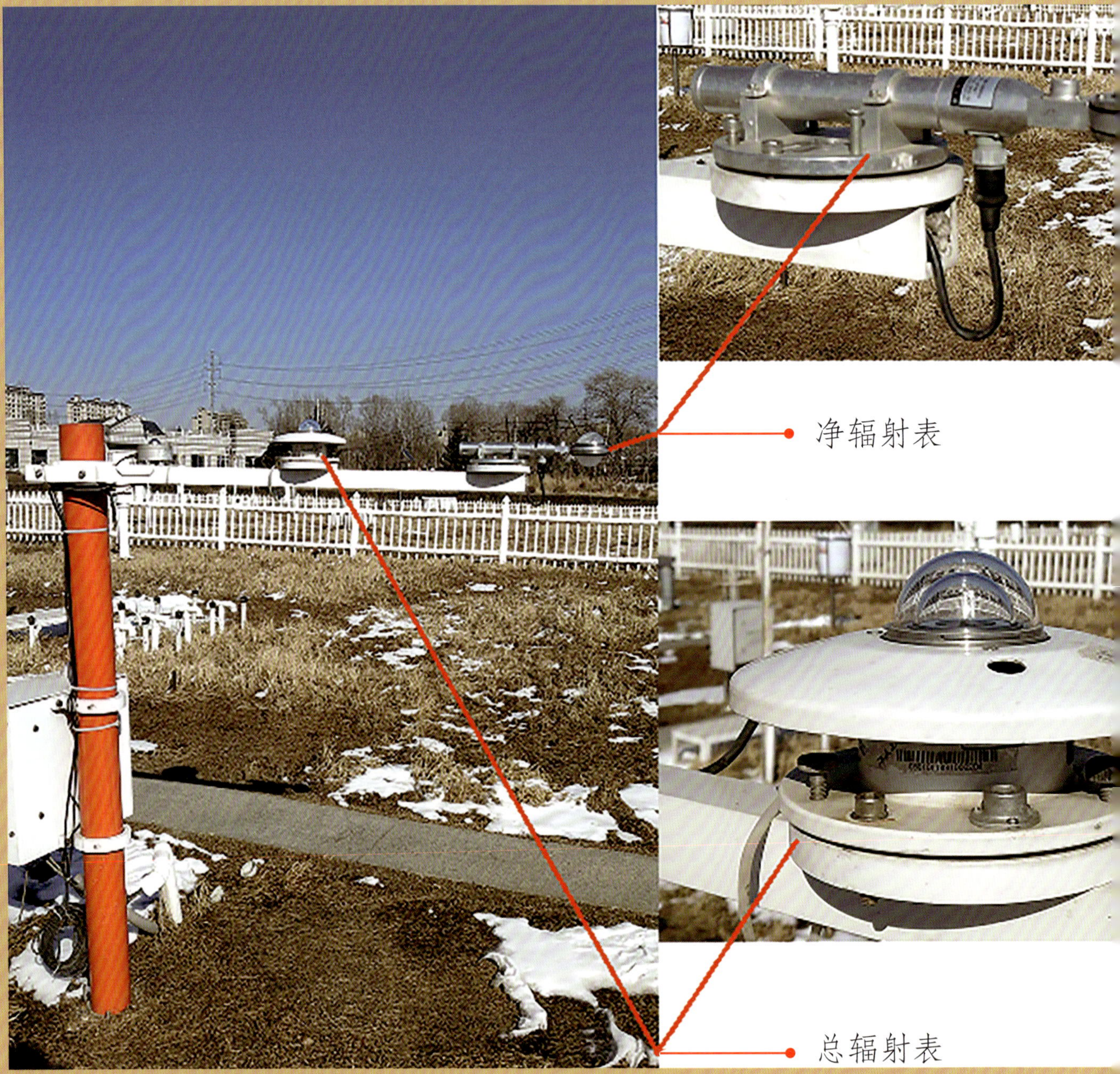

· 总辐射表、净辐射表实物图

总辐射表

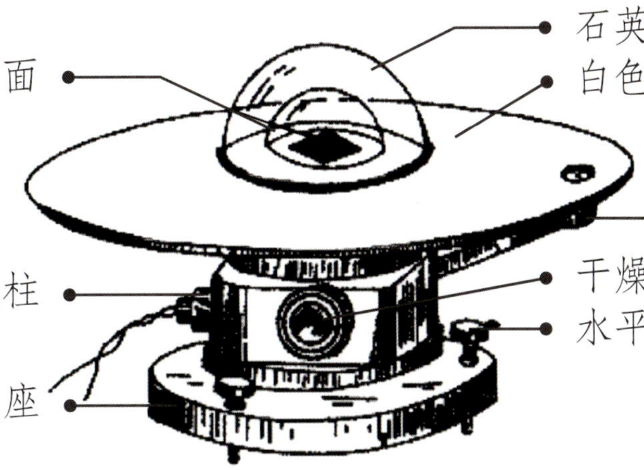

• 总辐射表结构示意图

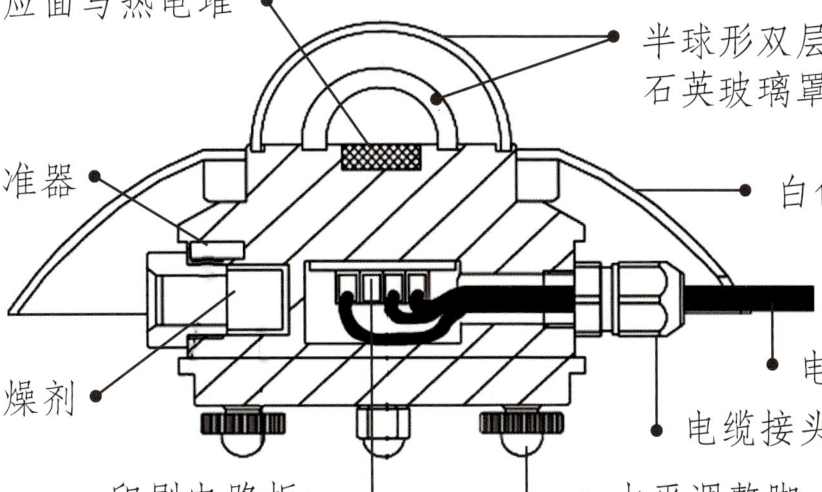

• 总辐射表组成结构示意图

直接辐射表

太阳直接辐射是指太阳以平行光线的形式直接投射到地面上的太阳辐射，亦称直接日射。太阳直接辐射是用太阳直接辐射表测量，也可简称为直接辐射表或直射表，其测量的是日面及其周围一小立体角（从太阳中心向外扩展的半开敞角约2.5°）内发出并入射到与该立体角轴线相垂直平面上的辐射。

直接辐射表由进光筒、感应件及附件组成。进光筒是一个金属圆筒，筒口装有石英玻璃片，以保证筒内清洁。为了对准太阳，进光筒两端分别有两个固定圆环，筒口圆环上有一小孔，筒末端白色圆盘有一黑点，小孔和黑点的连线与筒中轴线相平行。如果光线透过小孔落在黑点上，说明进光筒已对准太阳。感应件是仪器的核心部分，由感应面与热电堆组成。当光筒对准太阳，黑体感应面吸收太阳直射增热，使得热电堆产生温差电动势，最终转换成辐照度。

直接辐射表必须与全自动太阳跟踪器配套使用。跟踪器的作用在于确保直接辐射表进光筒始终对准太阳。全自动太阳跟踪器由双轴跟踪器、四象限传感器、控制模块以及其他硬件部件（如立柱、控制箱）组成。

与其他辐射表相比，直接辐射表要求感应件灵敏、跟踪准确，以确保获得准确的直接辐射值，因此要严格遵守操作规程。

扫我，我会动起来哦！

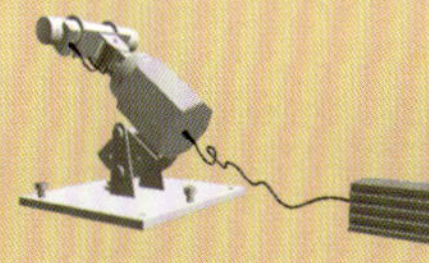

直接辐射表

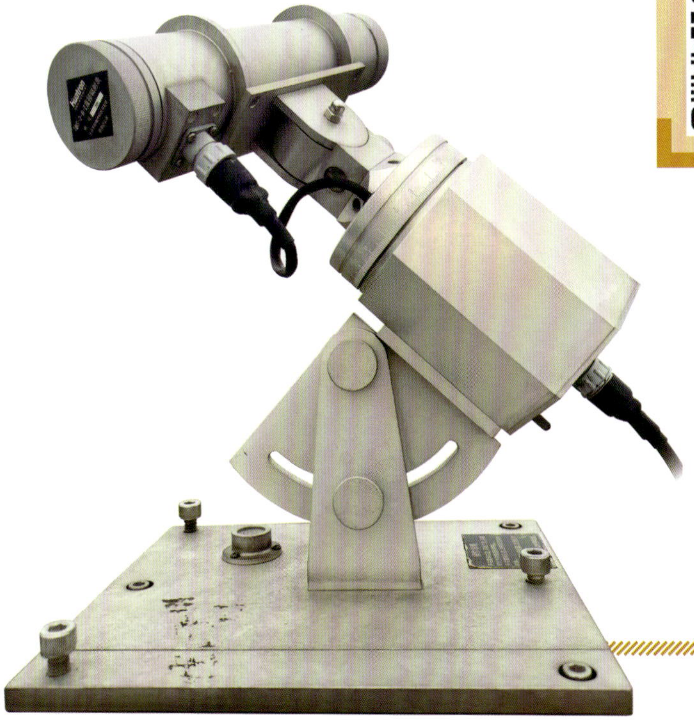

· 直接辐射表实物图

直接辐射表

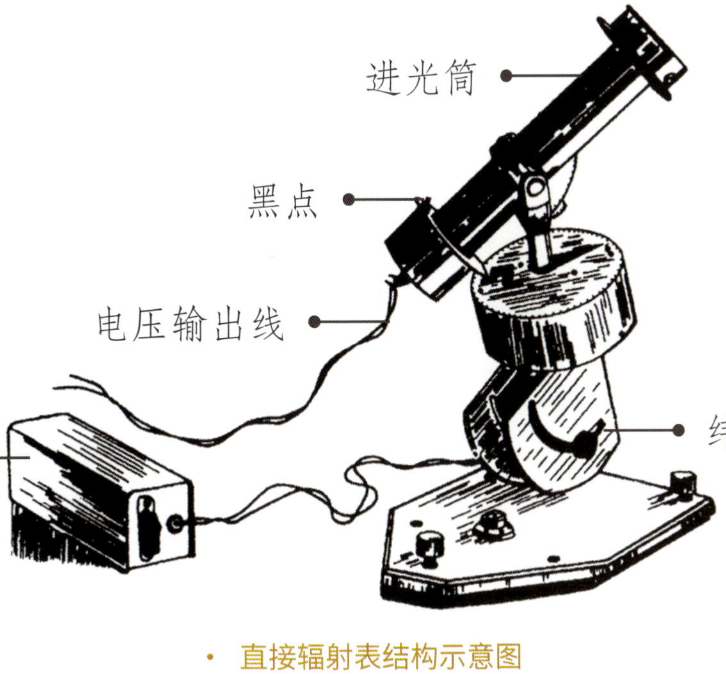

· 直接辐射表结构示意图

散射辐射表与反射辐射表

散射辐射是指太阳辐射穿过大气散射或经云的反射，从天空2π立体角以短波形式向下到达地面的那部分辐射，亦称散射日射，用总辐射表遮住太阳直接辐射的方法测量；反射辐射是指总辐射到达地面后，被下垫面（作用层）反射回空中的那部分短波辐射，亦称反射日射，用总辐射表感应面朝下测量。

散射辐射表

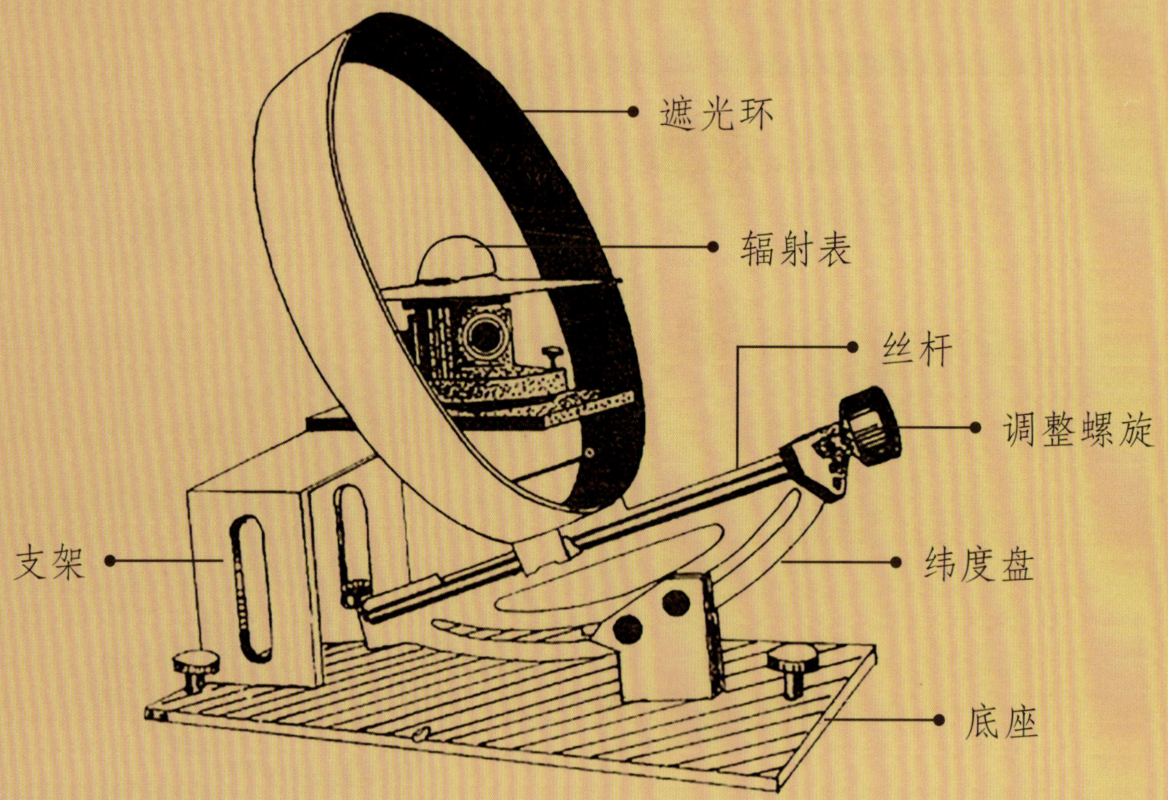

· 散射辐射表结构示意图

散射辐射表由总辐射表和遮光装置组成。早期的遮光装置为固定式遮光环，由遮光环圈、标尺、丝杆调整螺旋、支架、底盘等组成，它的作用是保证从日出到日落连续遮住太阳直接辐射。我国采用的是宽度为65毫米、直径为400毫米的遮光环圈，由于非太阳表面的遮光环遮挡了一部分的散射辐射，尽管进行了订正，但仍有较大测量误差，因此已逐步被淘汰。

目前，气象观测站使用的是与全自动太阳跟踪器为一体的遮光装置，遮光装置为以双轴跟踪器赤纬轴驱动的平行四边形联动机构，遮光环圆心和被遮光的总辐射表感应面中心的连线与直接辐射表、四象限传感器轴线平行，把太阳直接辐射从传感器上遮去。

散射辐射表的使用和观测原理基本与总辐射表相同。在使用过程中，要注意检查遮光环阴影是否完全遮住仪器的感应面与玻璃罩，确保遮光环全天遮住太阳直接辐射。

当总辐射表感应面朝下时，即可测定短波反射辐射，此时将其称为反射辐射表。反射辐射表的下垫面应保持自然状态，四周不应有干扰物体，通常安装在浅草平铺的观测场内，并确保离地面的高度不低于1.4米，以最大程度减少对下垫面的破坏。

扫我，我会动起来哦！

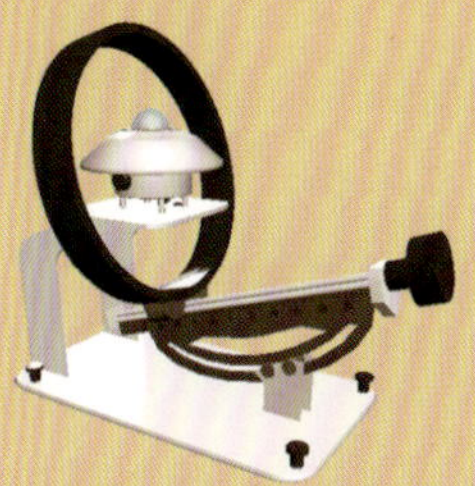

散射辐射表

扫我，我会动起来哦！

长波辐射表

长波辐射表

长波辐射测量包括大气长波辐射和地球长波辐射，均使用长波辐射表测量。其构造与外观和总辐射表基本相同，由感应件（黑体感应面与热电堆）、玻璃罩和附件等组成。与总辐射表主要区别在于，长波辐射表的玻璃罩内镀上硅单晶，以保证3微米以下的短波辐射无法到达感应面。此外，由于表体和半球罩本身也会产生长波辐射，为确定其辐射出射度，还需装热敏电阻，以测定其温度，进而修正可能产生的误差。当长波辐射表感应面朝上时，测量的是大气长波辐射，此时便成为大气长波辐射表；感应面朝下时，测量的是地球长波辐射，转变为地球辐射表。

目前，气象观测站的大气长波辐射表，常采用与散射辐射表一体的遮光装置，以有效遮挡太阳直接辐射。

· 长波辐射表实物图

长波辐射表

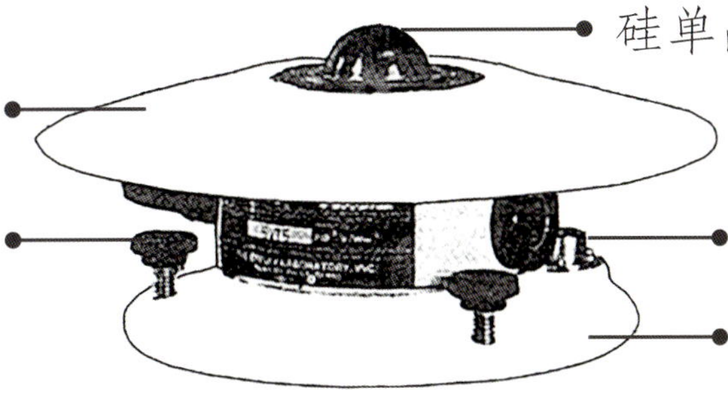

· 长波辐射表外部结构示意图

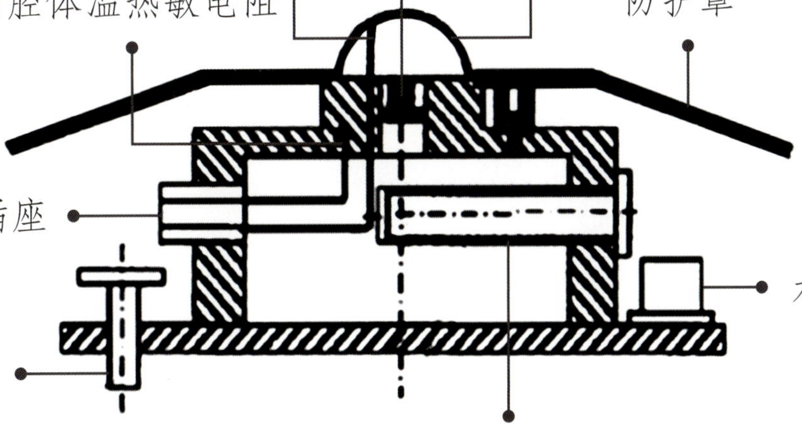

· 长波辐射表剖面结构示意图

净全辐射表

净全辐射是研究地球热量收支状况的主要指标。当地表接收到的辐射大于反射辐射时，地表热量增加，净全辐射为正；反之，净全辐射为负。

净全辐射表由感应件、薄膜罩和橡皮球等附件等组成。其感应件有上下两个感应面，两面均能吸收辐射，与热电堆两端相贴。由于上下感应面吸收的辐照度不同，使得热电堆两端产生温度差异，其输出的电动势与涂黑感应面接收的辐照度差值成正比。为防止风的影响和保护感应面，净全辐射表上下感应面装有半球形聚乙烯薄膜罩。

此外，四分量净全辐射表也可以测量净全辐射。四分量净全辐射表由两个短波辐射表和两个长波辐射表组成。分别测量总辐射、短波反射辐射、大气长波辐射和地球辐射4个分量，由此计算出净全辐射。

在夜间（日落至日出之间），由于短波辐射为零，故可以根据白天和夜间观测结果正负值情况来判定净全辐射表是否工作正常。

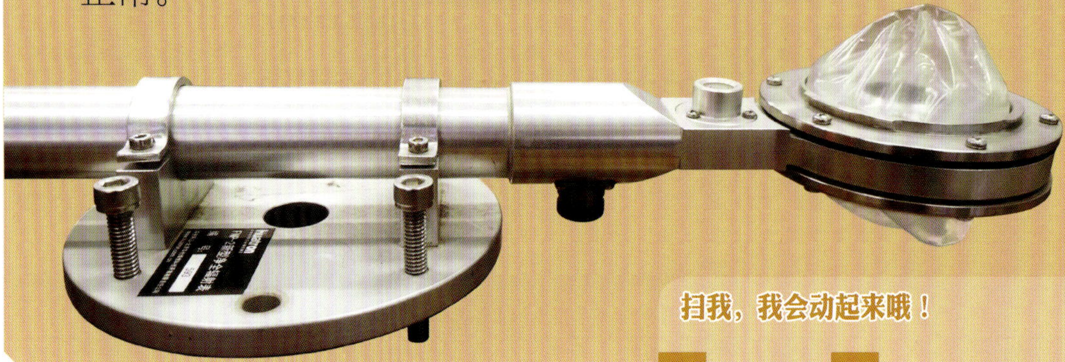

· 净全辐射表实物图

扫我，我会动起来哦！

净全辐射表

净全辐射表

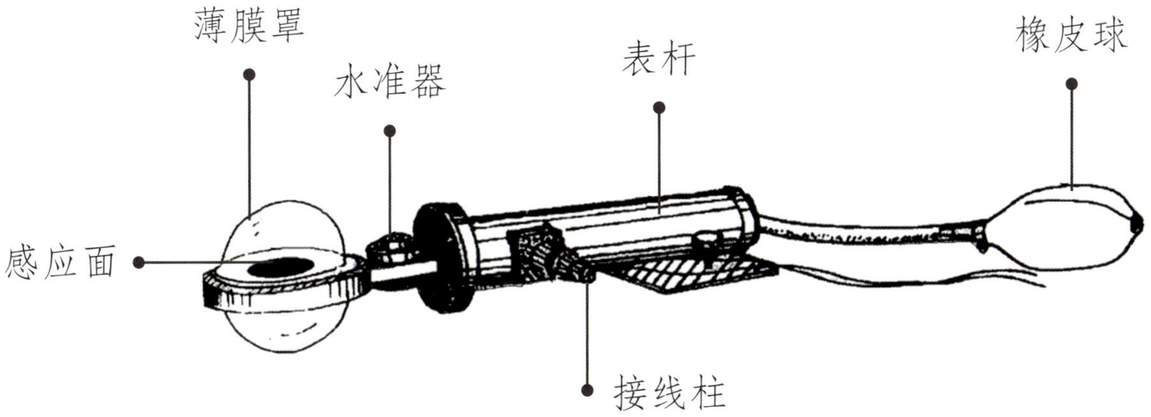

· 净全辐射表结构示意图

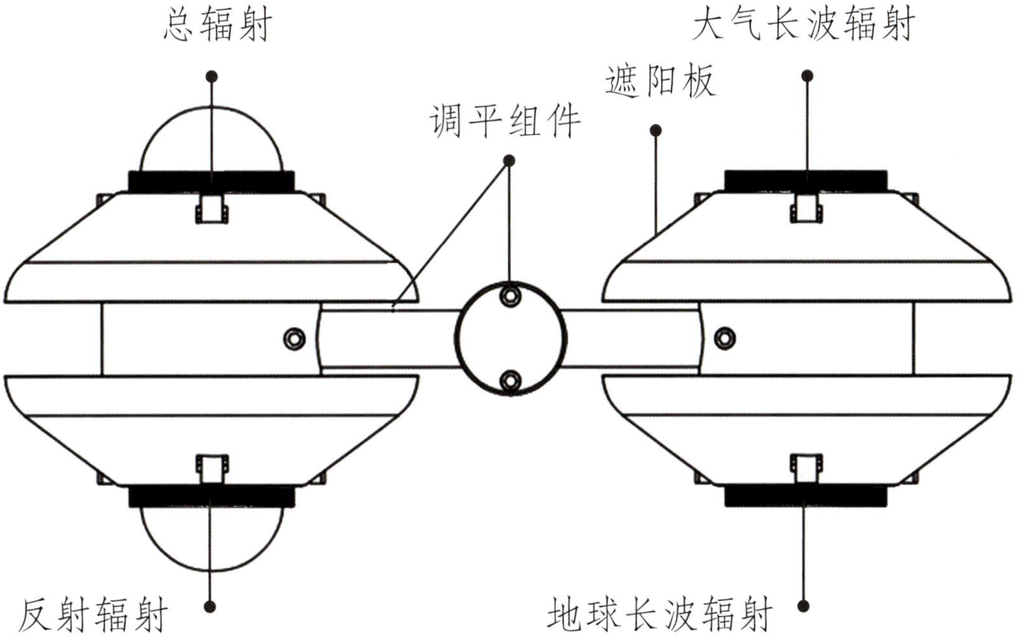

· 四分量净全辐射表结构示意图

紫外辐射表

紫外辐射可分为UV-A（0.315～0.400微米）、UV-B（0.280～0.315微米）、UV-C（0.100～0.280微米）3个波段。其中，UV-A波段刚好处在可见光光谱外，对人类和其他生物无明显影响，它的强度在地球表面不随大气臭氧含量而变化；UV-B波段对人类健康和环境影响较大而备受关注，值得注意的是地面UV-B随大气臭氧的衰减而增加；UV-C波段在大气层中完全被吸收，地面上观测不到此波段的辐射。

由于紫外辐射波段较窄，仅占太阳辐射总能量约7%，对仪器的测量精度要求高。

目前，气象观测站所使用的紫外辐射表属于紫外总辐射类型，测量的是水平面上的紫外直接辐射与紫外散射辐射之和，主要由半球石英罩、余弦矫正器、紫外滤光片、紫敏硅光电传感器、干燥剂、信号输出端及结构件等组成。一级紫外辐射表应用紫外石英球罩作为防护窗口。

值得注意的是,到达地面的紫外辐射与大气中的臭氧浓度密切相关，因此可根据天气状况分析观测结果，判定仪器工作是否正常。

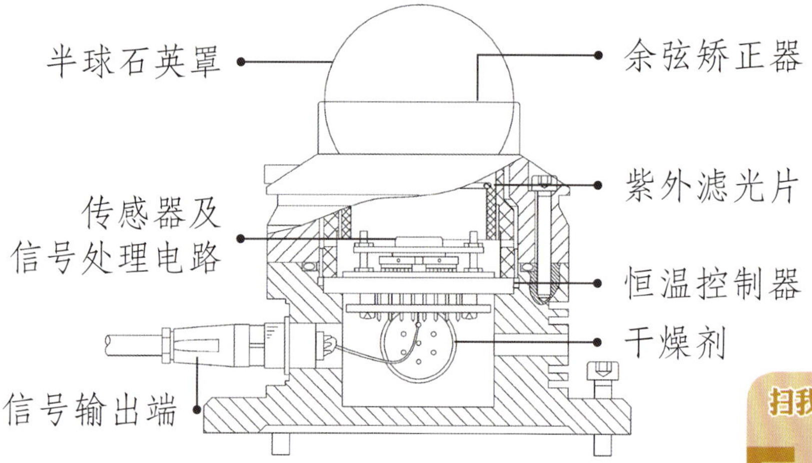

· 紫外辐射表结构示意图

· 紫外辐射表实物图

扫我，我会动起来哦！

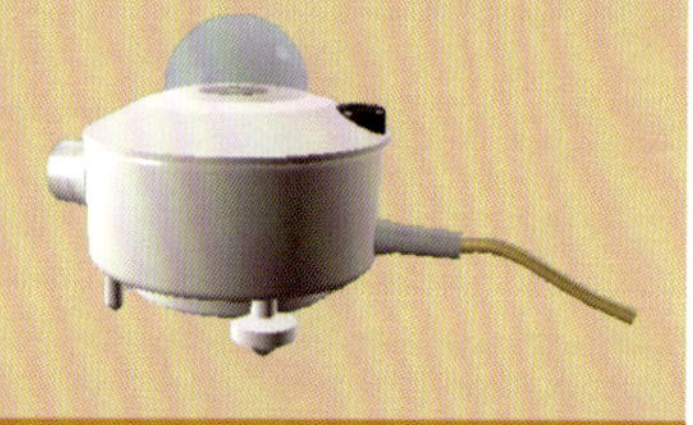

紫外辐射表

拓展知识

太阳辐射会导致全球变暖吗?

太阳是地球唯一的热量来源，地球大气中近乎99.99%的热量来源于太阳，所以没有太阳，就没有地球生存的环境，气候以及天气过程也无从谈起。但是，太阳辐射只有70%的能量能够进入大气层，最后能抵达地球表面的只有46%左右。这部分能量主要用于加热地球表面，地表温度升高以后会向大气中发射长波辐射，这部分辐射能量被大气中的二氧化碳、甲烷、臭氧等温室气体吸收之后，再传回地面，从而导致地面温度进一步升高，这就是我们通常所说的温室效应。这种自然的温室效应是地球适合人类居住的主要原因。但是，随着工业革命的发展，人类排放的温室气体越来越多，引发了额外的温室效应，造成大气和地面异常增暖，即我们所说的全球气候变暖。因此，全球气候变暖是由人类排放的温室气体造成的，与太阳辐射并无直接关联。

太阳辐射、大气温度、大气湿度之间的相互关系

简单来说，太阳辐射增强，会提升大气温度，进而促使大气湿度增高，反过来又会减少太阳辐射的到达量。

具体而言，太阳辐射能量到达地面时，地表温度升高。随后，地表会释放大量的长波辐射，这些辐射被空气粒子大量吸收，导致气温进一步升高。随着气温升高，大气中可容纳的水汽也会增多，如果地面有充足的水汽来源，水汽蒸发速度就会加快，大气湿度因此增加。当大气湿度达到一定程度时，会成云致雨，阻挡部分太阳辐射到达地面，致使太阳辐射减少。

其他观测要素

随着工业化进程的不断推进，大气污染问题日益严重，使得“酸雨”这个词也逐渐被人们熟知。酸雨已成为一种“偷越国界”的污染，并严重威胁全球环境。最早发生酸雨的地区是北欧及中欧，当时北欧一些国家渔业无故减产，经研究发现，这些事件均与酸雨有着密切关联。随后，欧洲多个国家相继出现酸雨，这一问题越来越受到人们关注。20世纪60年代起，欧洲开始着手建立大气化学监测网络，以便更好地了解和应对酸雨问题。

1972年，在斯德哥尔摩召开的一次环境会议上，瑞典科学家伯特·博林作了题为《跨越国境的空气污染：空气和降水中的硫对环境的影响》的报告，指出酸雨将对人类生存环境造成灾难性危害。从此，对酸雨的研究在世界范围内迅速展开。

进入20世纪70年代，我国也开始面临大范围酸雨的挑战。最初酸雨发生在重庆、贵阳和柳州等地，随后蔓延至长江以南、青藏高原以东及四川盆地。目前，全球形成三大酸雨区：欧洲、北美和东亚。我国长江以南地区是东亚酸雨区的一部分。

酸雨已成为全球三大环境危害之一，对人类生产生活造成非常严重的影响。不仅如此，区域性的酸雨污染还会影响生态环境及全球气候变化，因此，开展酸雨监测及研究工作十分必要。

酸雨，一种穿越国界的大气污染

酸雨，顾名思义就是酸性的雨，其pH值小于5.6。最早提出酸雨概念的是英国化学家罗伯特·安古斯·史密斯。1852年，他在分析曼彻斯特地区的降水时，发现雨水成分中含有硫酸或酸性硫酸盐；20年后，他在其著作《空气和降雨：化学气候学的开端》中，首次使用了“酸雨”这个概念，用于描述这种特殊的大气降水现象。

· 被酸雨破坏的植被

· 被酸雨腐蚀的雕像

酸雨监测

最早的酸雨监测仪器主要专注于测定降水的酸碱性。随后为深入研究酸雨的成因，降水中化学成分的测量就显得愈发重要。按照世界气象组织相关规定，酸雨和降水化学的主要测量要素包括：降水的pH值、电导率及多种离子浓度，如硫酸根离子、硝酸根离子、氯离子、氟离子、铵离子、钾离子、钠离子、钙离子、镁离子等。

我国气象部门从1981年起开始酸雨的普查工作，相继建立多个酸雨观测站。按照统一的观测规范，这些站点主要观测项目为pH值和电导率，并在重点地区对降水的离子成分进行分析。

酸雨观测设备通常安置在地面气象观测场内。不具备地面气象观测场条件的，则需选择一处面积大于10米×10米的场地作为酸雨观测场，并确保周围环境符合相关要求。此外，酸雨观测必须设置专门的实验室，包括耐腐蚀的工作台、采样桶工作台、贮藏柜以及用于存放和分析降水样品的冷藏设备。

气象上酸雨观测以每日08时（北京时）为日界，当日08时至次日08时为一个降水观测日。在一个观测日内，无论降水是否有间歇，只要降水量达到1.0毫米，就必须采集降水样品进行分析。样品采集完成后，需在采样日界结束后4小时内完成样品的测量分析工作。

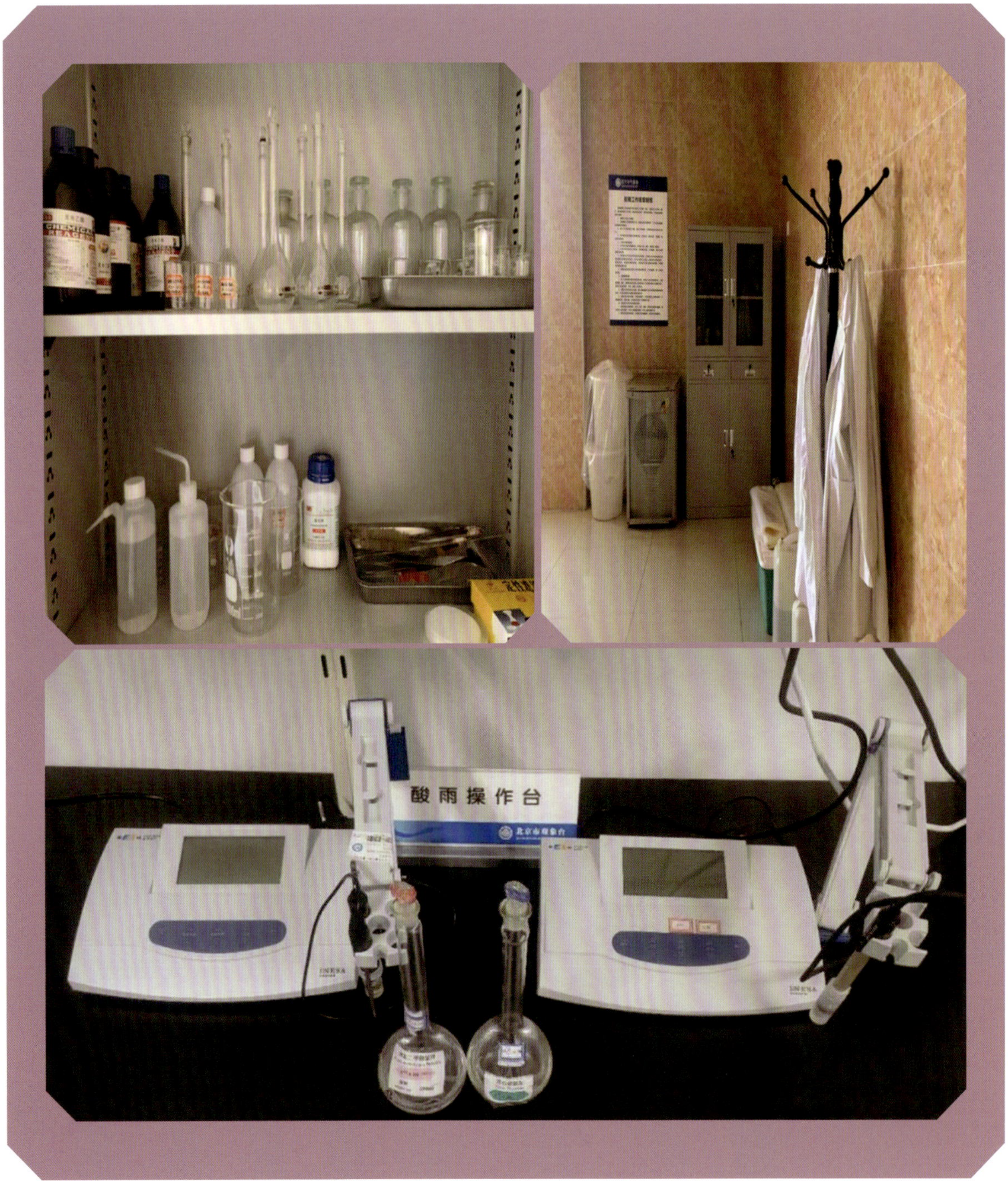

· 酸雨观测实验室部分设备

▶>> 测量酸雨的仪器与器皿

测量酸雨的仪器有pH计、电导率仪等。pH计是测量降水样品pH值的仪器，其测量范围是1到14的酸碱度；电导率仪用于测量降水样品的电导率K值。在酸雨观测中，还经常用到纯水和一些常用的化学试剂。水是最常见的、性能极佳的溶剂，酸雨观测使用的纯水通常为蒸馏水和去离子水。纯水须保存在专用容器内，盖好盖子，以减少与空气的直接接触，并放在阴凉、无阳光直射的地方，避免受热。此外，酸雨观测站须每月定期检查使用纯水的K值，更换纯水时也应进行此项检查，确保纯水没有变质。另外，酸雨监测还须按规定配备和使用器皿、器具，常用器具包括不锈钢剪刀、不锈钢镊子、玻璃棒、滴管、角匙、毛刷、纱布、滤纸、试管刷、聚乙烯塑料袋等。这些器皿和器具的选择和使用，都需遵循一定的标准和规范，确保观测结果的准确性和可靠性。

酸雨观测常用化学试剂

品名	物质纯度等级	主要用途	使用注意事项
氯化钾	化学纯或分析纯	pH 计复合电极添加试剂，可用于电导电极校准	对人体无明显毒害作用
盐酸	35% ～ 36% 化学纯	清洗玻璃、聚乙烯器皿	对皮肤和呼吸道有强烈刺激，对衣物有腐蚀作用。使用时注意通风，溅落到人体或衣物时应立即用水冲洗。只能将酸加入水中稀释，不可反向操作
邻苯二甲酸氢钾	分析纯	标准缓冲溶液试剂	如误食，可有轻微毒害作用
混合磷酸盐	分析纯	标准缓冲溶液试剂	对人体无明显毒害作用
四硼酸钠（硼砂）	分析纯	标准缓冲溶液试剂	如误食，可有轻微毒害作用

酸雨的自动观测

气象部门统一将酸雨自动观测系统布设在地面气象观测场内，它可自动采集获取降水样品，记录降水过程发生的起止时间和降水样品的温度，并自动完成对降水样品pH值、电导率K值的测定，记录和存储相关数据和信息。目前气象部门常用TCYⅠ-1型和TCYⅡ-1型两种酸雨自动观测系统，前者的降水样品自动分析仪安置在室内，后者降水样品自动分析仪与自动降水采样器为一体，安装在观测场内。

TCYⅠ-1型系统由酸雨自动采样子系统、酸雨自动分析子系统两部分组成。酸雨自动采样子系统安装在室外观测场，负责降水样品的自动采集，及相关数据和信息的记录；酸雨自动分析子系统安装于室内，负责测量样品的pH值、电导率及温度等，并记录和存储相关数据。

扫我，
我会动起来哦！

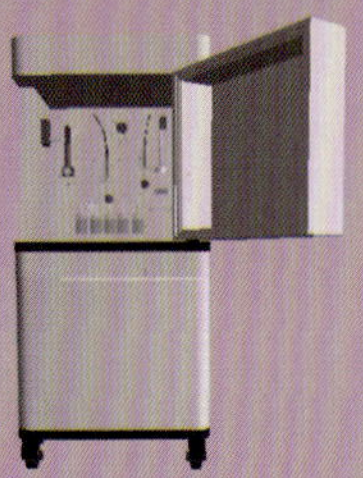

TCYI-1型酸雨自动观测系统（室内机）

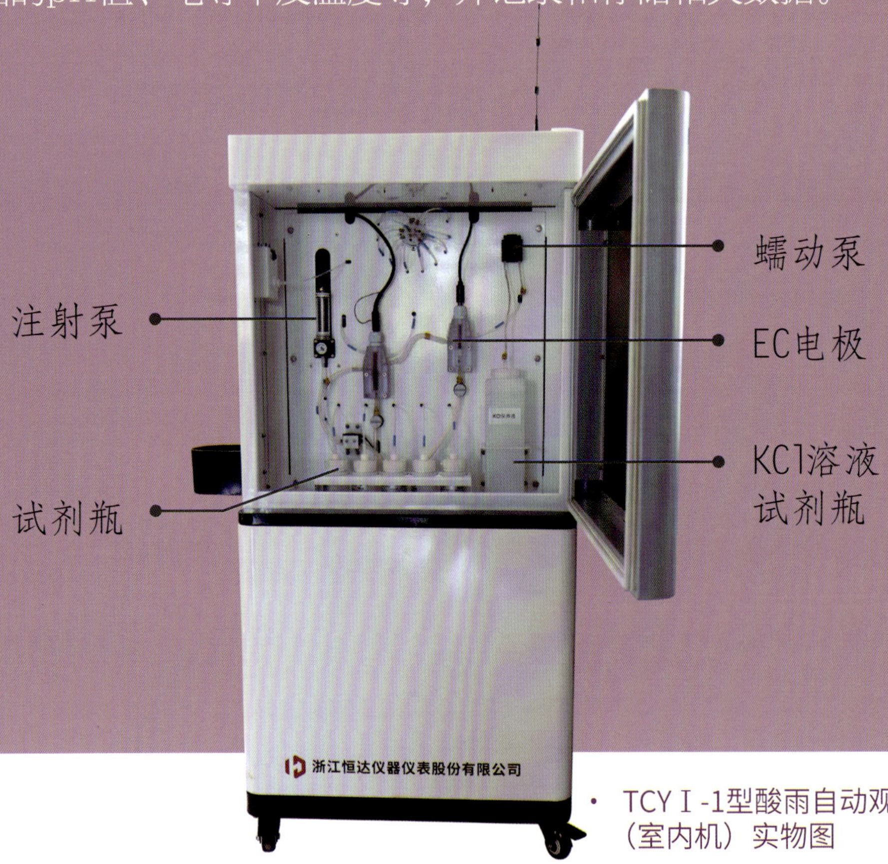

• TCYⅠ-1型酸雨自动观测系统（室内机）实物图

扫我，我会动起来哦！

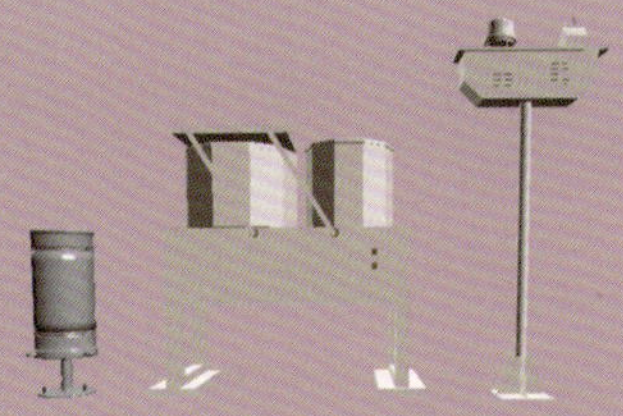

TCYI-1型酸雨自动观测系统（室外机）

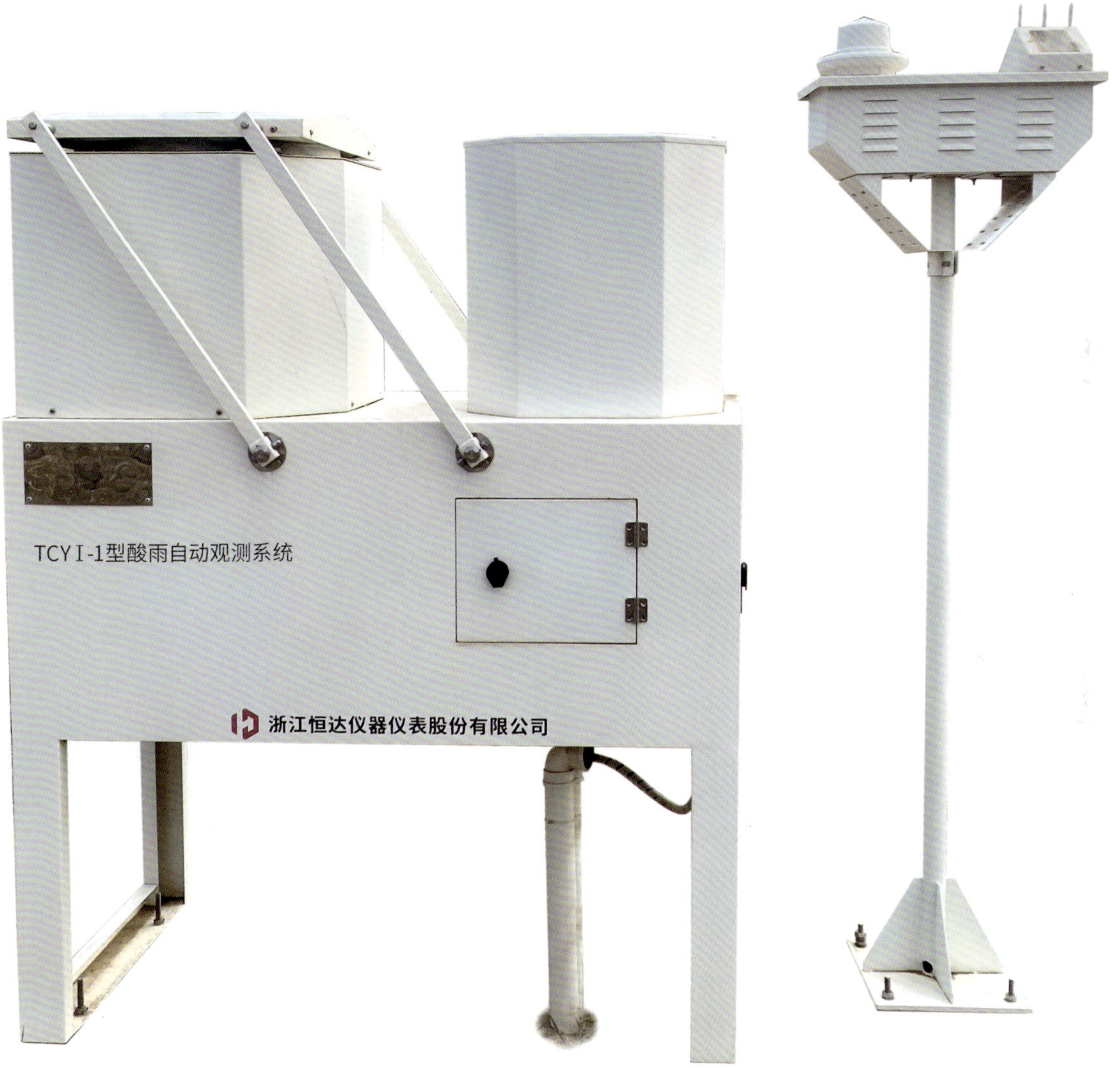

· TCYⅠ-1型酸雨自动观测系统（室外机）实物图

酸雨自动观测系统

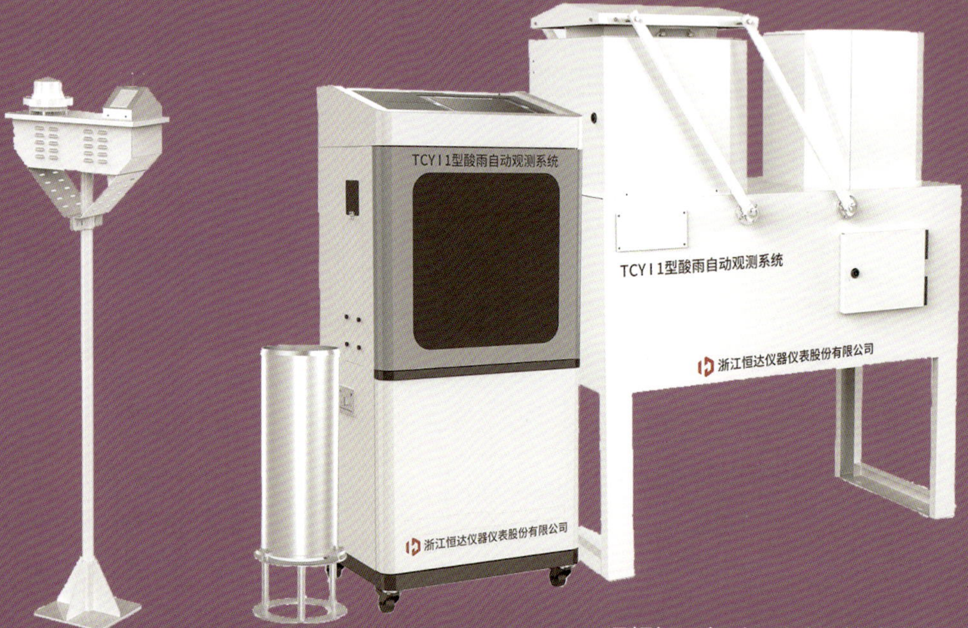

· TCY Ⅰ-1型酸雨自动观测系统实物图

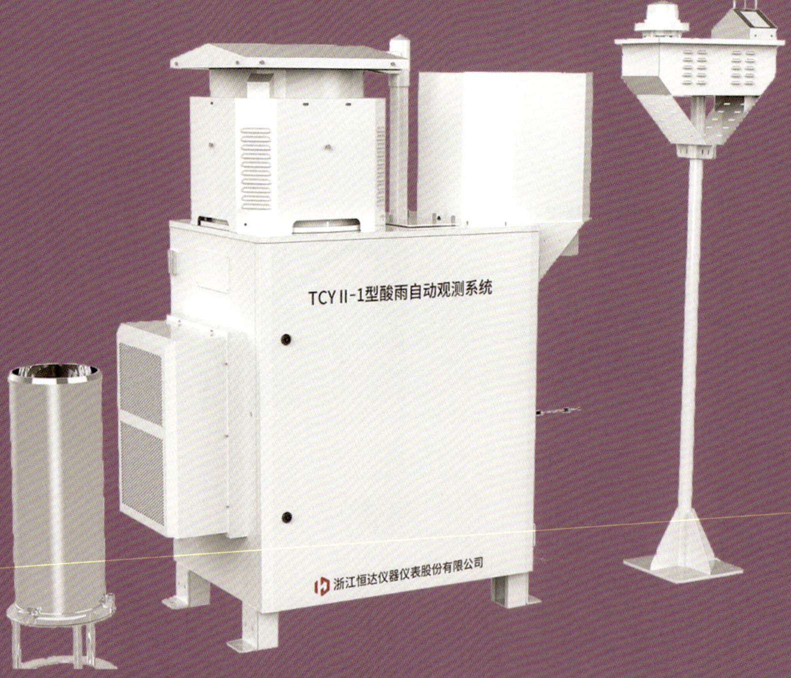

· TCY Ⅱ-1型酸雨自动观测系统实物图

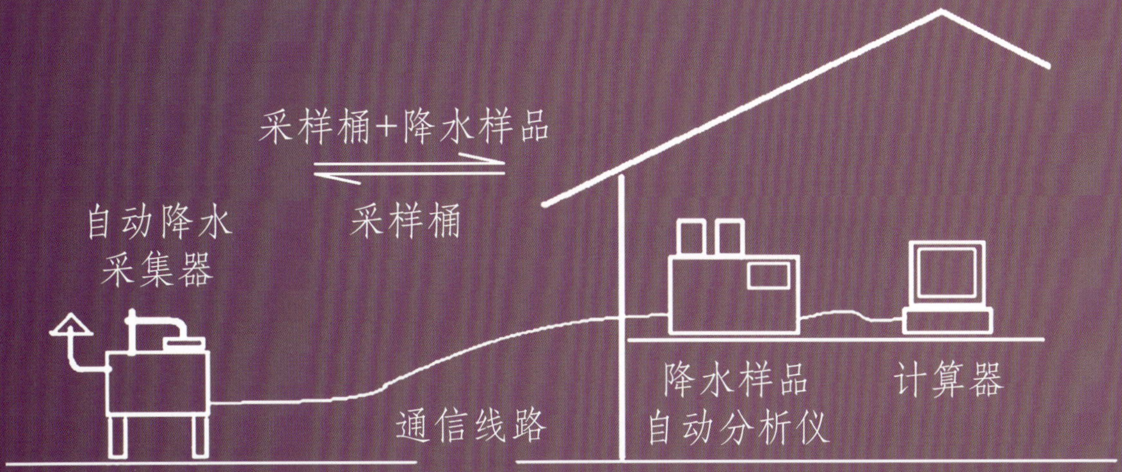

· TCYⅠ-1型酸雨自动观测系统基本构成示意图

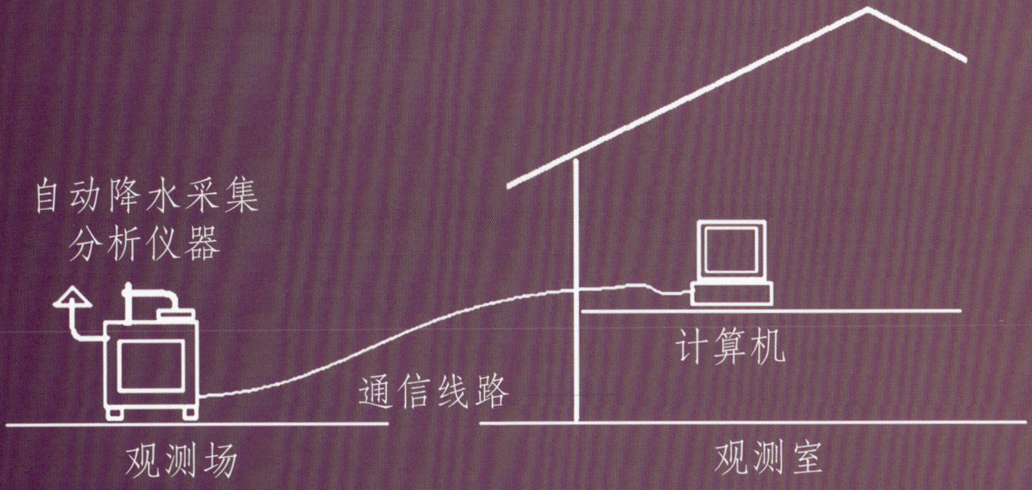

· TCYⅡ-1型酸雨自动观测系统基本构成示意图

扫我，我会动起来哦！

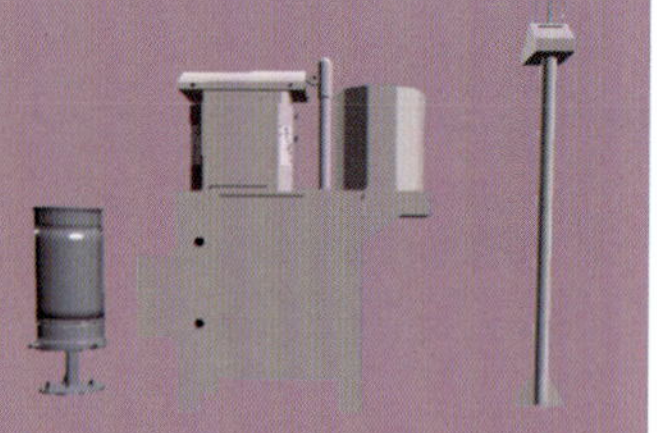

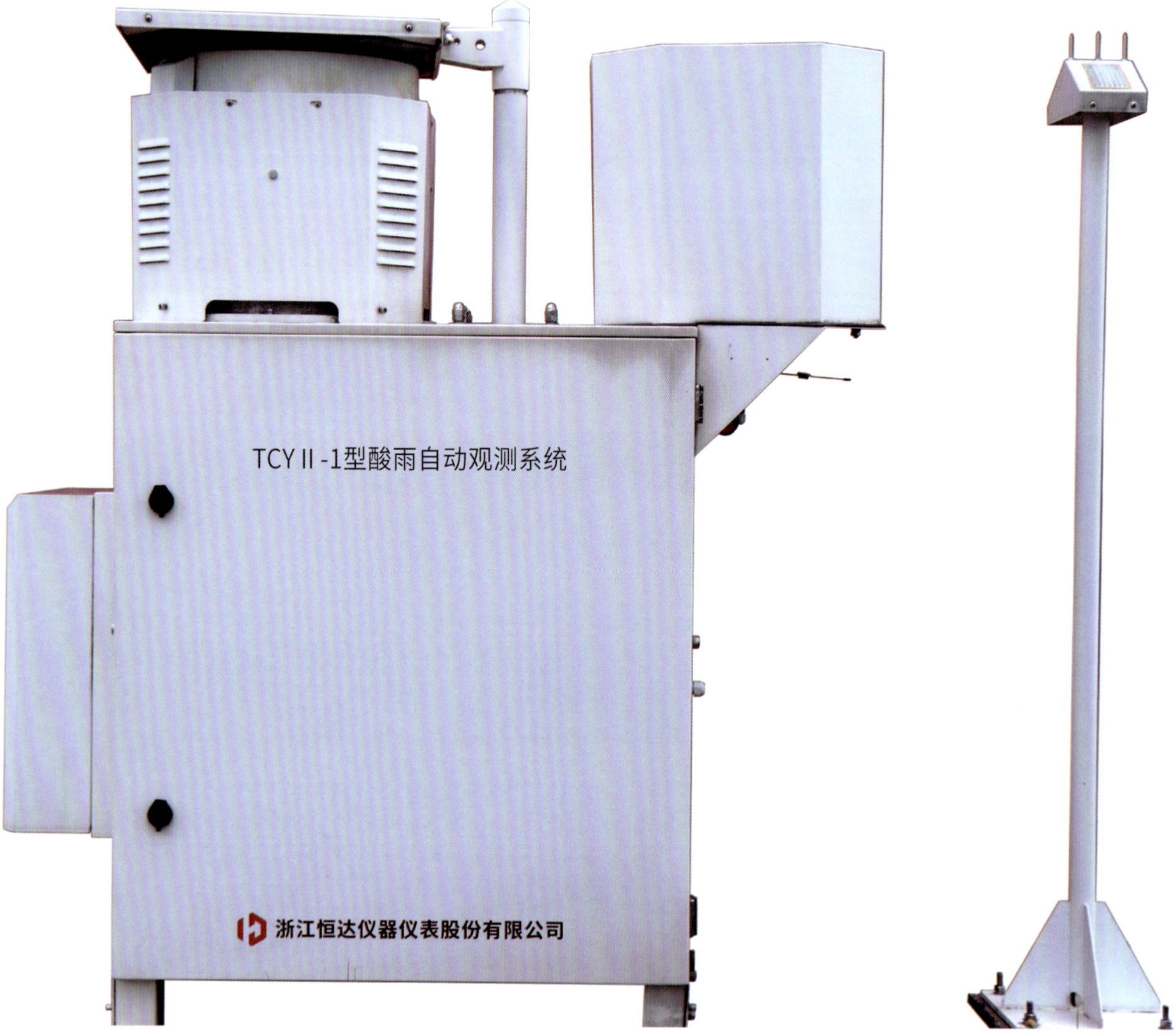

· TCYⅡ-1型酸雨自动观测系统实物图

相比之下，TCYⅡ-1型系统以AMR-A型户外全自动一体化分析仪为核心，由感应器、降水采集器和分析仪三部分组成，安装在观测场内还能扩展观测降雨点的大气温度、湿度、气压及风向风速等参数。此外，它还能通过网络自动上传测量数据和仪器工作状态，实现自动校准和自检。

两种系统在外形和功能上的最大区别在于自动化程度。TCYⅡ-1型系统可以实现采样至分析的全自动操作，而TCYⅠ-1型系统只能在室外完成酸雨样本采集后，由观测人员将样本送至室内自动分析子系统进行分析与记录。

这种差异主要是由于两种系统要求的工作环境温度不同所致。TCYⅡ-1型系统的工作环境温度在-10至50℃，因此多用于南方；而TCYⅠ-1型系统中采样子系统的工作环境温度在-50至50℃，更适合北方地区使用。

· TCYⅡ-1型酸雨自动观测系统内部实物图

电线积冰

电线积冰是一种气象灾害，指的是雨凇、雾凇凝附在导线上或湿雪冻结在导线上的现象。

电线积冰看似与人类生产生活关系不大，其实不然。它是一种危害严重的气象灾害，往往会造成通信电缆和输电线路中断，引发大面积通信和电路中断，还会对农业生产造成严重影响。例如，2008年的南方低温雨雪冰冻过程，给南方电网造成非常严重的影响，高速公路、铁路封路造成长时间大范围交通中断。因此，气象部门将电线积冰作为一项重要观测项目，收集的数据广泛应用于冰雪灾害天气监测、通信电缆、交通、电力线的抗灾参数设计和电力气象观测服务、城市运行、农业生产等领域。

自20世纪50年代开始，加拿大、美国等积冰严重的国家相继对电线积冰开始进行观测和研究。我国作为世界上电线积冰严重的国家之一，也在这一领域进行了长期不懈的探索，并取得许多重要研究成果。

我国电线积冰观测始于20世纪50年代，最初主要参考苏联的地面气象观测方法，观测对象是4毫米直径的导线。随着经济的发展，观测对象已演变为真实电力线缆的模拟观测。自2011年1月1日起，电线积冰观测所使用的线缆由直径4毫米的导线更换为直径26.8毫米的电缆，以更准确地反映真实情况。同时，电线积冰的观测时间并不固定，以能测得一次过程的最大值为原则。

观测电线积冰的仪器

电线积冰的观测是一项复杂且精细的过程。从积冰架上的导线开始形成积冰起，至积冰消失止，记录为一次完整的积冰过程。一次积冰过程，会经历发展、保持、崩塌或消融几个阶段。但这几个阶段可能顺次出现，也可能反复交错出现，持续时间长短不一，这无疑增加了观测的难度和挑战。

观测电线积冰的设备有电线积冰架、合页箱、量杯、台秤、外卡钳、米尺、手锯、鱼尾钳、三棱刮刀、喷灯等。其中，电线积冰架是核心设备，它安置在观测场中，由两组支架组成，分别呈南北向和东西向，两组之间距离互不影响且方便操作。合页箱是一个25厘米长、两端封闭的金属圆筒，作用是截取导线上的积冰物。每个观测站应配备两个合页箱，分别供东西、南北两组导线用。为避免记录发生混淆，箱外应标明方向，确保定向专用。此外，通用量杯用于承接和测定积冰，台秤用于测定积冰的重量，外卡钳、米尺用于测定积冰直径和厚度。当需要切割和清除积冰时，手锯、鱼尾钳、三棱刮刀、喷灯等工具就派上用场了。

电线积冰观测的主要工作在于精确测量每一次积冰过程的最大直径和厚度，这些数据以毫米为单位，并取整数记录。当积冰的最大直径达到特定标准时，还需额外测定其最大重量，这一数值以克/米（g/m）为单位，取整数记录。

扫我，
我会动起来哦！

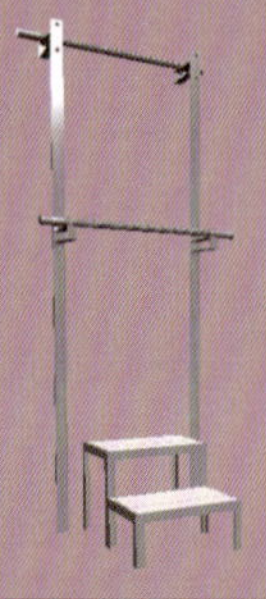

电线积冰架

· 电线积冰架实物图

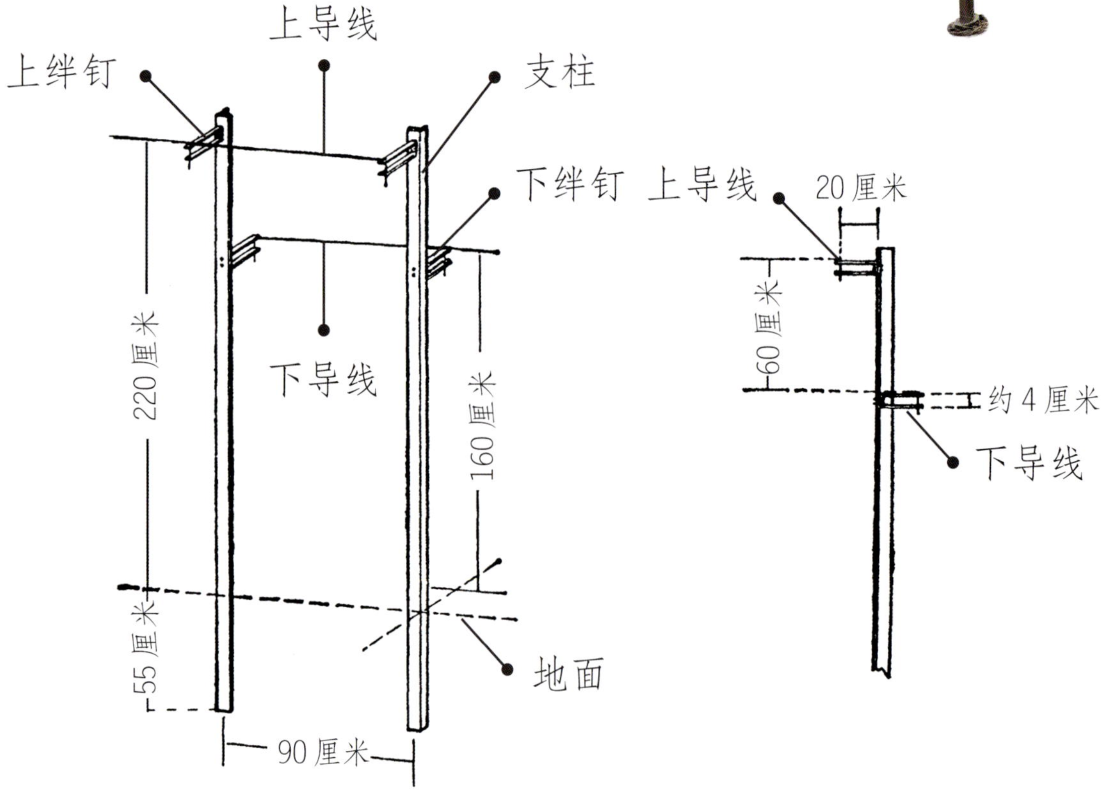

· 电线积冰架结构示意图

合页箱

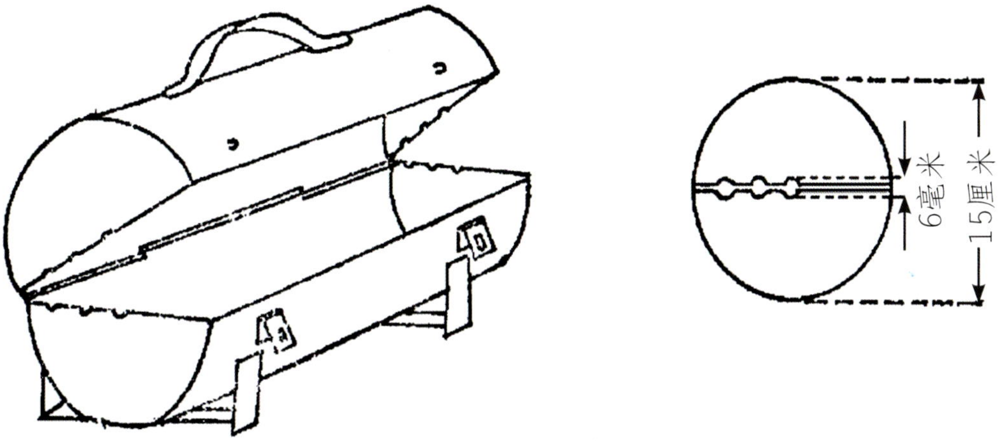

· 合页箱结构示意图

· 合页箱实物图

扫我，我会动起来哦！

合页箱

每当进入积冰季节，观测人员需密切注意积冰架导线上的积冰形成情况。一旦积冰开始形成，需按方向记录冻结现象及其起始时间；而当积冰完全融化消失时，也应记录终止时间。

所谓积冰直径，是指垂直于导线方向上，冰层积结所达到的最大尺寸，这一尺寸包含导线的原始直径；而积冰厚度，则是指在导线切面上，与积冰直径垂直方向上冰层积结的最大尺寸。通常情况下，积冰的厚度小于直径，最多与直径相等。

为了获取这些关键数据，观测人员需具备丰富的经验和专业知识，以确保测量的准确性和可靠性。这些数据对于分析电线积冰的形成规律、预测其发展趋势及制定防范措施具有重要的参考价值。

电线积冰的观测时机和测量方法

准确捕捉每次积冰过程的最大直径和厚度，是电线积冰观测的难点，需要把握测量的最佳时机。这非常考验观测人员的业务能力和实践经验。在积冰增长过程中，时常会夹杂一些小崩塌，只有积冰增长至本次过程的最大尺寸，且没有发生崩塌前，才是进行积冰最大直径、厚度和重量测定的最佳时机。这个时机的把握，需要建立在细致观察的基础上，并结合天气条件和实践经验来判断。

另外，测量时还需注意避免触落冰层。由于冰层的形状往往不规则，导线上各点的冰层切面也存在差异，因此，在测量时应区别对待。积冰严重的地区，当取下导线十分困难，或积冰直径超出现有合页箱直径时，可考虑仅测量冰层本身，不取下导线。

目前，气象部门已经实现电线积冰自动观测，通过视频装置拍摄导线上的积冰形状，并通过智能分析系统计算出积冰厚度，实现电线积冰的实时、动态、连续监测。

冻土观测

冻土，顾名思义是冻结的土层。因土壤中或多或少含有水分，当温度下降至0℃以下时，土壤中水分冻结成冰，这些冰像水泥一样，把土壤粘合在一起，形成冻土。

由于冰融化成水时体积会缩小，水冻结成冰体积又会增大，因此冻土具有冻胀和融沉性。这个特性很可能导致某一路基的鼓胀、沉陷，房屋开裂，严重影响工程和建筑安全等。故而，了解一个地区尤其是寒冷地区的土壤冻结状况，对人类生产生活具有非常重要的意义。

冻土主要分布在高纬度和高海拔地区。我国是仅次于俄罗斯、加拿大的第三大多年冻土国，冻土主要分布在东北北部、西北高山和青藏高原地区，尤其是青藏高原，其多年冻土占我国多年冻土总面积的70%左右。除此之外，青藏高原上也分布着季节性冻土，所以在修建青藏铁路时，冻土问题是该工程面临的最大难关，也是确保工程质量稳定、安全运营的最关键因素。

冻土观测不仅是全球冰雪圈观测系统的组成部分之一，也是气候变化监测的重要内容之一。此外，它还为农业生产、高原交通运输等气象保障和服务提供不可或缺的服务依据。我国气象部门自20世纪50年代中期便开始进行冻土观测，1960年版《地面气象观测规范》正式规定了台站冻土观测仪器和方法，此后一直沿用至今。目前，每日08时的冻土观测仍是气象观测工作中唯一需要人工观测的项目。但值得一提的是，从2020年开始我国已在部分气象观测台站布设了冻土自动观测仪，有效开展冻土的自动观测。

人工观测冻土的仪器

冻土在我国分布广泛，特别在北方地区季节性冻土是普遍存在的现象。目前，气象部门主要使用达尼林冻土器和冻土自动观测仪开展观测，主要监测冻结层次和冻结深度，分别以层和厘米为单位，取整数。

达尼林冻土器（简称“冻土器”），作为测量冻土深度的专用仪器，由外管和内管组成。外管为一标有0厘米刻度线的硬橡胶管；内管为一根标有厘米刻度的橡皮管（管内有固定冰用的链子或铜丝、线绳），其底端封闭，顶端与短金属管、木棒及铁盖相连。在内管中，会灌注当地干净的水（河水、井水、自来水等），直至刻度的零线处。冻土器长度规格从50厘米到450厘米不等，气象观测站须根据当地可能出现的最大冻土深度，采用长度规格合适的冻土器。

冻土器通常被安装在观测场内有自然覆盖物的地段，确保外管和内管的零线刻度平齐，并与地表保持在同一水平面上。当地面温度降到0℃或更低时，土壤开始冻结，此时工作人员需在每日08时进行一次冻土观测，直至次年土壤完全解冻为止。

观测过程中，观测人员需用一只手把冻土器的铁盖连同内管一并提起，另一只手触摸内管冰层（包括冻结得不够坚实的冰柱）所在位置，并从管壁刻度线上读出冰上下两端的相应刻度数，这便是某一冻结层的上、下限深度值。完成冻土深度观测后，观测人员需将内管重新插入并盖好盖子。若存在两个或多个冻结层，应分别测定每个冻结层的上、下限深度，并按由下至上的顺序进行记录。

尽管上述操作听起来简单，但实际它是一项技术活。观测操作力求迅速，尽量避免内管弯折。特别是在冰层不够坚实或气温较高时，观测人员尤须小心，尽量避免冰柱滑动或消融。

· 达尼林冻土器实际安装图（左）和仪器组成图（右）

扫我，
我会动起来哦！

达尼林冻土器

达尼林冻土器

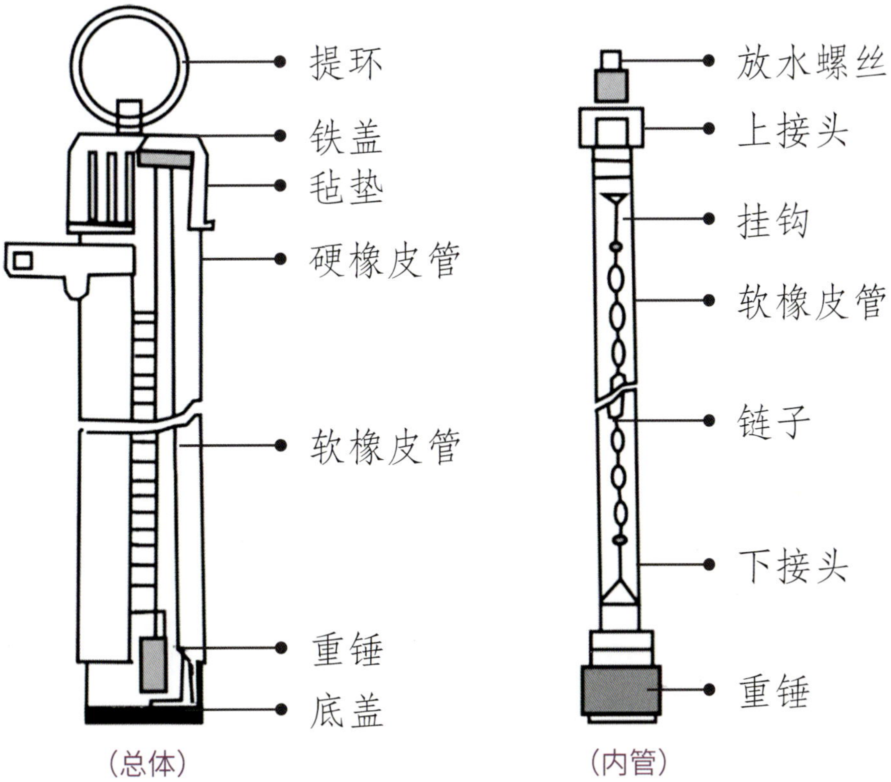

· 达尼林冻土器结构示意图

冻土的自动观测

人工冻土观测主要根据水的冻结情况来判断冻土深度，这实际上代表土中0℃温度的大致位置。然而由于土壤性质的多样性，不同土壤的冰点温度存在差异，所以通过冻土器观测到的冻土深度并不完全反映真实冻土的位置。另外，人工摸测内管冰以判断冻结状况也存在主观性，且冻土层较深时观测会相当不便。因此，对冻土开展有效的自动观测就变得极为重要。基于冻土形成机理和人工观测方法，气象部门开展了冻土自动观测的研究，目前业务化应用设备主要是电阻式冻土自动观测仪。

电阻式冻土自动观测仪由传感器、数据采集单元、电源、机壳、支架等部分组成，利用水的相态变化时体积、电阻等物理特性随之变化的原理，通过非纯净水做感应介质，测量相关物理量，从而得到冻结层次和上、下限深度，为冻土研究提供可靠的数据支持。

• 电阻式冻土自动观测仪实际安装图

电阻式冻土自动观测仪

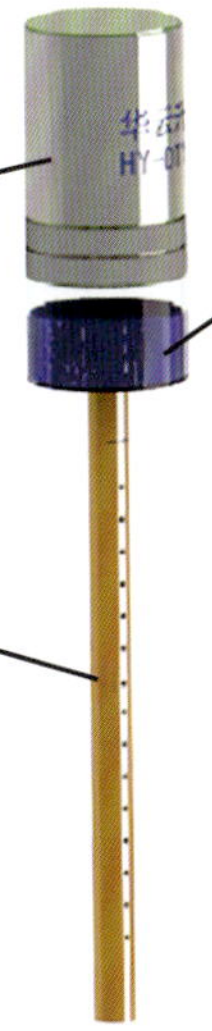

· 电阻式冻土自动观测仪结构示意图

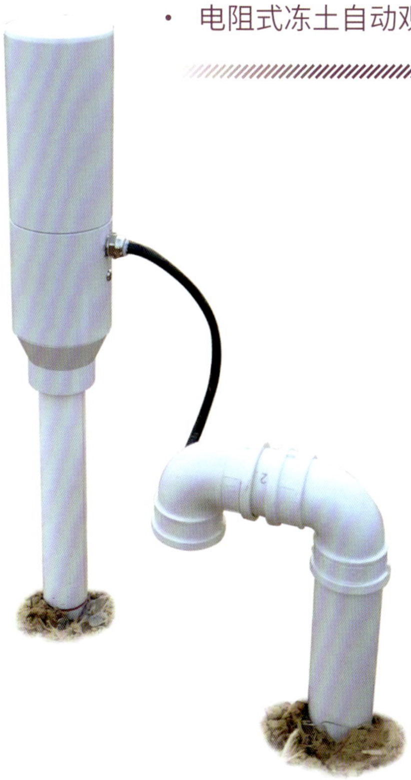

· 电阻式冻土自动观测仪实物图

扫我，
我会动起来哦！

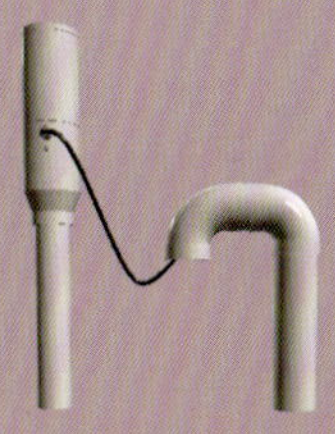

电阻式冻土自动观测仪

拓展知识

冻土层修建工程设施的秘诀

冻土具有冻胀和融沉性，即便在多年冻土区，上层冻土也可能发生融化和冻结，这对人类修筑工程设施十分不利。因此要在冻土区修建铁路或石油管道等工程设施时，解决“冻土难题”成为了首要任务。

为攻克这一难题，人们想到一个办法，即为土地“降温”，使其一直保持冻结状态，从而确保路基稳固。于是，人们发明了“热棒”，它主要利用冬季的低温使冻土持续降温，并提前储存冷量，以便夏季为冻土降温，确保冻土在夏季依然能维持冻结状态。这也是青藏铁路修建中广泛使用的一项技术。

那么，“热棒”里到底藏着什么科技奥秘？其实，它是一根经过精密设计的密封管子，内部填充氨、氟利昂、丙烷、二氧化碳等物质。管子上段是冷凝器，下端为蒸发器，中间为绝热段。当“热棒”下端吸收热量后，内部的液态物质会转化为气态，并沿着管子上升至冷凝器；由于外界温度较低，使得“热棒”上段温度也低，所以气态物质在冷凝器中遇冷液化，并释放热量，随后，液态物质又流回到“热棒”下端。“热棒”物质在气态和液态之间不断转换，并依靠其优良的导热性，就能源源不断地带走路基的热量，使其保持稳定状态。

冻土消融将带来哪些危险?

全球变暖背景下，冰川加速融化，冻土也有退化消融的迹象，虽然较少被人们提及，但影响却不容忽视。西伯利亚地区的冻土消融已造成道路损坏、房屋坍塌等问题，并对传统农业和畜牧业造成巨大冲击。有研究指出，永久冻土的融化还会对全球气候产生直接威胁。

首先，永久冻土层积聚了众多被大风吹来的灰尘、植物的根和其他有机物，它们吸附了大量的碳。只要冻土保持冰冻状态，碳就不会被释放到大气中。然而，一旦冻土消融，其含有的有机物就会解冻，微生物分解有机物就会释放出温室气体，进一步加剧气温升高，从而形成恶性循环。

其次，冻土层封冻了大量的未知病菌。随着冻土消融，这些病菌可能被释放，并随着解冻的水流汇聚到河流之中，对人类构成潜在威胁。曾有研究表明，即使一种存在于永久冻土层中三万年的病毒，在实验室条件下，重新加热后，依然能活。

第三，冻土消融还会导致环境恶化。多年冻土的永冻层顶板具有隔水作用，使活动层能够蓄积水分，为植物的生长提供必需的水分和养分。然而，随着冻土退化，永冻层上限会下降甚至消失，导致活动层中的水分向深处流失。而冻土区往往气候寒冷、干旱，水分流失会造成植被衰退、土壤裸露破碎，最终可能导致荒漠化的发生。

综上所述，冻土层的变化将深刻影响人类生产生活。如果冻土层全部融化，全球变暖将进一步加剧，冰川融化也将加速，从而引发一系列蝴蝶效应，而古老冰柜携带的病毒、细菌也会给人类带来未知的风险。

参考文献

《中国气象百科全书》编委会，2015. 中国气象百科全书 [M]. 北京：气象出版社 .

陈宁，陈城，蔡明，等，2021.TCY II 1 型酸雨自动观测系统的日常维护及故障处理 [J]. 自动化与仪器仪表，(8):232-234.

陈正洪，2020. 气象科学技术通史 [M]. 北京 : 气象出版社 .

范雯杰，吕文忠，袁薇，等，2022. 气象观测教程 [M]. 北京：气象出版社 .

高荣，张鑫，孙大雨，等，2020. 通辽气象站深层地温变化分析 [J]. 内蒙古气象，(3):13-15.

郭伟，卜令兵，贾小芳，等，2016. 基于激光云高仪的北京沙尘气溶胶特征分析 [J]. 气象，42(12):1540-1546.

黄少鹏，安芷生，2010. 长期地温监测在地球科学研究中的重要意义 [J]. 地球环境学报，1(1):1-7.

黄思源，2014. 新型自动气象站观测业务技术 [M]. 北京：气象出版社 .

矫梅燕，2021.《气象往事——中国气象科技展馆里的故事》[M]. 北京：气象出版社 .

李湘，2020. 气象通信系统发展与展望 [J]. 气象，36(7)：56-61.

李悦，2022. 我国基本建成全球最大综合气象观测系统 [N]. 中国气象报，09-14(1).

刘兴忠，胡晓润，2019. TCY I 1 型酸雨自动观测系统及其故障诊断 [J]. 科技创新与应用，27(3):61-63.

刘钊，2018. 从电传到信息化智能化系统——贯通事业血脉的气象通信系统之变 [N]. 中国气象报，10-26(1).

刘志辉，邹兴奋，邓晓瑶，等，2012. 浅论集体观测云能天的必要及其方法 [J]. 气象研究与应用，33(S1):246-247.

孟磊，张龙斌，李晋，等，2020.TCY Ⅰ 1 型酸雨自动观测系统采样及测量性能分析 [J]. 气象水文海洋仪器，37(4):42-44.

彭滨，安峡，2021. TCY Ⅱ -1 型酸雨自动观测系统结构及故障处理 [J]. 气象水文海洋仪器，38(3):114-116.

全国气象仪器与观测方法标准化委员会，2019. 气象观测站分类及命名规则：QX/T 485—2019[S]. 北京：气象出版社 .

佘万明，叶成志，杨晓武，等，2022. 地面“云能天”自动化观测进展 [J]. 气象科技进展，12(5):19-26.

宋连春，李伟，2008. 综合气象观测系统的发展 [J]. 气象，34(3)：3-9.

孙学金，王晓蕾，李浩，等，2009. 大气探测学 [M]. 北京：气象出版社 .

谈飞洋，2022. 气温、地表温度、草面温度、体感温度…… 这些温度啥意思？ [N]. 佛山日报，07-28(4).

谭海涛，王贞龄，余品伦，等，1986. 地面气象观测 [M]. 北京 : 气象出版社 .

完颜莹莹，2022. 宾组卜辞所见气象材料的整理与研究 [D]. 郑州：郑州大学 .

宛霞，2020. 新设备，请亮出名片 [N]. 中国气象报，04-01(4).

王光凯，白云，刘波，2022. 龙口市浅层地温能潜力评价及经济环境效益分析 [J]. 矿产勘查，13(10):1533-1540.

王建凯，陈汝龙，侯威，等，2022. 中国地面气象观测业务的发展历程与展望 [J]. 气象科技进展，12(5)：10-17.

王素琴，吴卉，张娟，等，2023. 长白山山巅有一群气象工作者——岁岁年年 只争朝夕 [N]. 中国气象报，09-14(4).

王巍巍，张志龙，2018. 地面气象综合观测实习指导 [M]. 北京 : 气象出版社 .

王新竹，戴云伟，2022. 气象主播的公开课 [M]. 北京：气象出版社 .

温克刚，刘英金，毛耀顺，等，2004. 中国气象史 [M]. 北京：气象出版社 .

薛伟民，章基嘉，1984. 当代中国的气象事业 [M]. 北京 : 中国社会科学出版社 .

闫瑛，宗艳伟，梁虎，2014. 地面气象观测 [M]. 北京 : 气象出版社 .

姚渝丽，段若溪，田志会，2016. 农业气象实习指导（修订版）[M]. 北京: 气象出版社 .

赵晓妮，张晓霞，文科，等，2021. 冻住的风，留下的资料 [N]. 中国气象报，09-02(4).

赵辛慈，胡东平，侯静，等，2023. TCY Ⅱ 1 型酸雨自动观测系统与人工观测差异分析 [J]. 中南农业科技，44(8):94-96+116.

中共中央，国务院，2016.[创新成就] 世界上第一个冻土观测站 [N].https://www.gov.cn/ztzl/2006-01/02/content_145434.htm.

中国气象局，2003. 地面气象观测规范 [M]. 北京 : 气象出版社 .

中国气象局，2013. 时空“穿梭仪”——古代气象观测史纵览 [Z/OL].(2013-03-13)[2024-04-01] https://www.cma.gov.cn/2011xzt/2013zhuant/20130313/2013031306/201303/t20130318_207998.html.

中国气象局，2020. 地面气象自动观测规范（第一版）[M]. 北京 : 气象出版社 .

中国青年网，2017. 古人如何测量降水量 ?[Z/OL].(2017-03-24)[2024-04-01].http://news.youth.cn/jsxw/201703/t20170324_9343865.htm.

朱刚，李江波，孙卓，等，2023. 能见度观测方式改变对京津冀地区雾霾判识及统计的影响分析 [J]. 气象与环境学报，39(1):55-64.

朱颜，2016. 关于湿度，你不知道的 7 件事 [J]. 大科技 (科学之谜)(10):24-26.

邹耀芳，张纬敏，王金钊，等，1994. 地温观测方法的研究 [J]. 气象，20（11）:3-9.